단기합격의 완성,
시험에 나오는 빈출 이론 및 문제 만을 엄선!

최신
개정사항
완벽 반영

배울학

1 전기자기학
전기(산업)기사

-공학박사 **강장규** 저-

중요한 핵심 **이론**

시험에 나올 **적중실전문제**   이론을 바로 적용한 **예제**

초보자부터 전공자까지 다양한 수험생에게 합격의 방향을 제시해 줄 최적의 수험서
정확한 이론 정립과 이해를 돕는 예제, 출제 가능성이 높은 적중실전문제까지 한 권에 담았습니다

저자 직강
동영상 강의

무료강의
학습자료

교수님과의
1:1 상담

www.baeulhak.com

머리말

전기자기학은 전기공학의 기반이 되는 이론으로, 이 과목을 이해하여야만 다른 시험과목의 기본이론 및 응용이론을 보다 쉽게 접근할 수 있습니다. 전기자기학은 전기공학을 처음 접하는 수험생들에게 가장 어렵게 느껴지는 과목 중 하나이지만, 몇 개의 기본적인 이론이 반복되어 활용되므로, 몇 가지의 물리적 의미를 이해하고, 값을 계산하는 방법을 연습한다면 큰 어려움은 없을 것입니다.

현재 국가기술자격시험의 출제방식은 문제 은행방식으로, 기출제된 문제들이 반복 또는 유사 형태로 출제되고 있습니다. 따라서 출제기준을 파악하고 분류하여 각 장의 핵심적인 기본 원리를 이해하고, 이에 관계되는 문제들을 풀어본다면 수험생들은 소기의 목표인 합격을 반드시 달성할 수 있을 것입니다.

본 교재는 편저자가 전기공학 학사, 석사 및 박사과정을 통해 얻은 지식과 약 30년 동안 학원 및 대학교 강단에서 기사 및 기술사 강의와 전기공학 강의를 진행하면서 연구한 편저자의 Know-how를 가장 효과적으로 정리하고 요약한 교재로서, 수험생들이 가장 짧은 시간 내에 큰 효과를 얻을 수 있도록 하였습니다. 또한 최근에 출제된 문제들을 분석하여 수록함으로써 최신 출제 경향을 완벽하게 파악할 수 있도록 하였습니다.

본 교재는 현재 시행되고 있는 국가기술자격시험의 출제범위를 포함하고 있으므로, 본 수험서로 학습하는 수험생들은 「I can do it」이라는 말처럼 자신감을 가지고 시험 준비에 임한다면 좋은 결과를 얻을 수 있으리라 믿습니다. 본 수험서를 학습하는 도중 미진한 부분이나 보완하여야할 내용이 발견된다면 지적과 조언을 부탁드립니다. 끝으로 전기기사 및 전기산업기사를 공부하는 분들께 많은 도움이 되기를 바라며, 본 교재가 나오기까지 많은 도움을 주신 배울학 학사 기획팀 관계자들께 감사의 말씀을 드립니다. 본 교재와 함께 하는 수많은 수험생은 자격증 취득의 영광과 더불어 앞날에 끝없는 발전이 함께하기를 기원합니다.

편저자 강장규

책의 특징

01 전기기사·산업기사 최단기간 합격을 위한 필기 필수 기본서

- 전기기사·산업기사 필기 시험을 대비하기 위한 필수 기본서로 출제기준에 꼭 필요한 핵심이론을 수록하였다.
- 효율적인 학습이 가능하도록 구성하였다. 또한, 예제와 적중실전문제를 수록하여 기본부터 실전까지 한 번에 완성할 수 있다.

02 최신 경향을 완벽 반영한 학습구성

최신 경향을 반영하여 단기적으로 학습할 수 있도록 체계적으로 구성하였다.
① 핵심이론 학습 후 바로 예제문제를 통하여 이론을 파악할 수 있다.
② 각 Chapter별 적중실전문제를 통해 빈출문제부터 최근 출제경향문제까지 다양한 유형의 문제를 파악할 수 있다.
③ 과목별로 필요한 핵심이론 및 문제를 한 권으로 집필하여 실전을 완벽하게 대비할 수 있다.

03 엄선된 문제 & 상세한 해설 수록

- 각 문제의 출제 빈도수에 따라 별 개수를 다르게 표시하여 그 문제의 중요도를 파악하고 효율적인 학습이 가능하도록 하였다.
- 모든 문제에 대한 상세한 해설을 수록하여 이해를 높일 수 있도록 하였다.

책의 구성

배울학 전기기사·산업기사

www.baeulhak.com

01 핵심이론

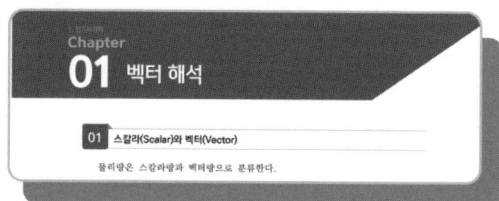

- 시험에 반드시 나오는 기본이론을 정리하여 체계적으로 학습한다.
- 기본핵심원리와 필수공식으로 이론을 확실하게 정립한다.

02 예제

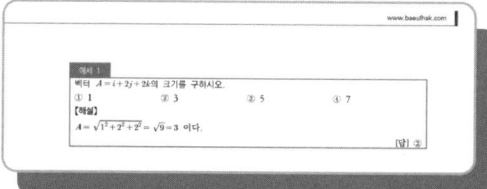

- 이론 학습 후 예제문제 풀이를 통해 취약점을 보완할 수 있다.
- 기본이론과 필수공식을 문제에 바로 적용하여 이론에 대한 이해와 암기 지속시간을 높이고 실전능력을 기른다.

03 적중실전문제

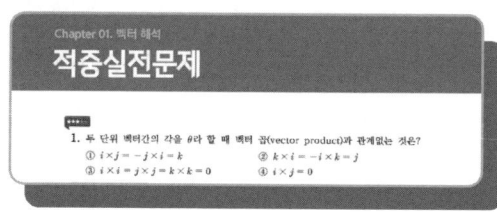

- 30여년 간의 과년도 기출문제를 완벽하게 분석하여 정리한 빈출문제 및 최근출제경향문제를 각 Chapter별로 수록하여 실전 적응력을 높일 수 있도록 한다.
- 문제의 중요도를 파악할 수 있도록 출제 빈도수를 표시하여 학습 효율성이 증대되도록 한다.

전기기사 · 산업기사 안내

배울학 전기기사·산업기사

개요

전기를 합리적으로 사용하는 것은 전력부문의 투자효율성을 높이는 것뿐만 아니라 국가 경제의 효율성 측면에도 중요하다. 하지만 자칫 전기를 소홀하게 다룰 경우 큰 사고로 이어질 수 있기 때문에 안전에 주의해야 한다.
그러므로 전기 설비의 운전 및 조작, 유지·보수에 관한 전문 자격제도를 실시해 전기로 인한 재해를 방지하여 안전성을 높이고자 자격제도를 제정한다.

전기기사 · 산업기사의 역할

- 전기기계기구의 설계, 제작, 관리 등과 전기설비를 구성하는 모든 기자재의 규격, 크기, 용량 등을 산정하기 위한 계산 및 자료의 활용과 전기설비의 설계, 도면 및 시방서 작성, 점검 및 유지, 시험작동, 운용관리 등에 전문적인 역할과 전기안전 관리를 담당한다.
- 한 공사현장에서 공사를 시공, 감독하거나 제조공정의 관리, 발전, 소전 및 변전시설의 유지관리, 기타 전기시설에 관한 보안관리업무를 수행한다.

전기기사 · 산업기사의 전망

- 발전, 변전설비가 대형화되고 초고속·초저속 전기기기의 개발과 에너지 절약형, 저 손실 변압기, 전동력 속도제어기, 프로그래머블콘트럴러 등 신소재 발달로 인해 에너지 절약형 자동화기기의 개발, 또 내선설비의 고급화, 초고속 송전, 자연에너지 이용확대 등 신기술이 급격히 개발되고 있다. 이에 따라 안전하게 전기를 관리할 수 있는 전문인의 수요는 꾸준할 것으로 예상된다.
- 「전기사업법」 등 여러 법에서 전기의 이용과 설비 시공 등에서 안전관리를 위해 자격증 소지자를 고용하도록 하고 있어 자격증 취득시 취업이 유리한 편이다.

전기기사 · 산업기사 자격증의 다양한 활용

취업

- 한국전력공사를 비롯한 전기기기제조업체, 전기공사업체, 전기설계전문업체, 전기기기 설비업체, 전기안전관리 대행업체, 환경시설업체 등에 취업
- 전기부품·장비·장치의 디자인 및 제조, 실험과 관련된 연구를 담당하기 위해 생산업체의 연구실 및 개발실에 종사하기도 함

가산점 제도

- 6급 이하 및 기술공무원 채용 시험 시 가산
- 공업직렬의 항공우주, 전기 직류와 해양교통시설 직류에서 8·9급 기능직, 기능 8급 이하일 경우 5%(6·7급 기능직, 기능 7급 이상일 경우 3 ~ 5%의 가산점 부여)
- 시설직렬의 도시계획, 일반토목, 농업토목, 교통시설, 도시교통설계직류에서 8·9급, 기능직 기능 8급 이하(6·7급, 기능직, 기능 7급 이상일 경우 5% 가산점 부여) ⇒ 기사만 해당
- 한국산업인력공단 일반직 5급 채용 시 필기시험 만점의 6% 가산
- 경찰공무원 채용 시험 시 가산점 부여

우대

- 국가기술자격법에 의해 공공기관 및 일반기업 채용 시 그리고 보수, 승진, 전보, 신분보장 등에 있어서 우대

시험 안내

원서접수 안내

- 접수기간 내 큐넷(http://www.q-net.or.kr) 사이트를 통해 원서접수
  (원서접수 시작일 10:00 ~ 마감일 18:00)

- 시험수수료
  필기 : 19,400원
  실기 : 22,600원(기사) / 20,800원(산업기사)

응시자격

기사	· 동일(유사)분야 기사 · 산업기사 + 1년 · 기능사 + 3년 · 동일종목외 외국자격취득자	· 대졸(졸업예정자) · 3년제 전문대졸 + 1년 · 2년제 전문대졸 + 2년 · 기사수준의 훈련과정 이수자 · 산업기사수준 훈련과정 이수 + 2년
산업기사	· 동일(유사)분야 산업 기사 · 기능사 + 1년 · 동일종목외 외국자격취득자 · 기능경기대회 입상	· 전문대졸(졸업예정자) · 산업기사수준의 훈련과정 이수자

시험과목

구분	전기기사	전기공사기사
기사	① **전기자기학** ② 전력공학 ③ 전기기기 ④ 회로이론 및 제어공학 ⑤ 전기설비기술기준	① 전기응용 및 공사재료 ② 전력공학 ③ 전기기기 ④ 회로이론 및 제어공학 ⑤ 전기설비기술기준

구분	전기산업기사	전기공사산업기사
산업기사	① 전기자기학 ② 전력공학 ③ 전기기기 ④ 회로이론 ⑤ 전기설비기술기준	① 전기응용 ② 전력공학 ③ 전기기기 ④ 회로이론 ⑤ 전기설비기술기준

검정방법 및 시험시간

구분	필기		실기	
	검정방법	시험시간	검정방법	시험시간
전기(공사)기사	객관식 4지 택일	과목당 20문항 (과목당 30분)	필답형	필답형 (2시간 30분)
전기(공사) 산업기사	객관식 4지 택일	과목당 20문항 (과목당 30분)	필답형	필답형 (2시간)

시험방법

· 1년에 3회 시험을 치르며, 필기와 실기는 다른날에 구분하여 시행

합격자 기준

· 필기 : 100점을 만점으로 하여 과목당 40점 이상, 전과목 평균 60점 이상
· 실기 : 100점을 만점으로 하여 60점 이상
· 필기시험에 합격한 자에 대하여는 필기시험 합격자 발표일로부터 2년간 필기시험을 면제

합격자 발표

· 최종 정답 발표는 인터넷(http://www.q-net.or.kr)을 통해 확인 가능
· 최종 합격자 발표는 발표일에 인터넷(http://www.q-net.or.kr) 또는 ARS(1666-0100)로 확인 가능

필기 출제 경향 분석

전기기사 (최근 3개년도 기준)

분류	출제빈도(%)
벡터 해석	1%
진공 중의 정전계	17%
진공 중의 도체계와 정전용량	6%
유전체	14%
전기 영상법	4%
전류	5%
정자계	17%
자성체와 자기회로	12%
전자유도	8%
인덕턴스	7%
전자장	9%
총계	100%

전기산업기사 (최근 3개년도 기준)

분류	출제빈도(%)
벡터 해석	2%
진공 중의 정전계	17%
진공 중의 도체계와 정전용량	10%
유전체	12%
전기 영상법	4%
전류	8%
정자계	17%
자성체와 자기회로	9%
전자유도	4%
인덕턴스	8%
전자장	9%
총계	100%

전기자기학

Chapter 01. 벡터 해석 · 1
- 01. 스칼라(Scalar)와 벡터(Vector) · · · · · · · · · · · · · 2
- 02. 벡터의 성분 · 2
- 03. 벡터(Vector)의 합과 차 · 4
- 04. 스칼라(Scalar)와 벡터(Vector)의 곱 · · · · · · · · · 4
- 05. 벡터(Vector)의 내적 · 5
- 06. 벡터(Vector)의 외적 · 6
- 07. 벡터의 미분 연산자 · 7
- 08. 스칼라의 구배(Gradient) · · · · · · · · · · · · · · · · · · · 8
- 09. 벡터의 발산(Divergence) · · · · · · · · · · · · · · · · · · · 8
- 10. 벡터의 회전(Rotation, Curl) · · · · · · · · · · · · · · · · 8
- 11. 가우스(Gauss)의 발산의 정리 · · · · · · · · · · · · · · · 9
- 12. 스토크스(Stokes)의 정리 · · · · · · · · · · · · · · · · · · · 9
- 적중실전문제 · 10

Chapter 02. 진공 중의 정전계 · · · · · · · · · · · 17
- 01. 전하와 대전체 · 18
- 02. 쿨롱(Coulomb)의 법칙 · 19
- 03. 전계와 전기력선 · 22
- 04. 전위와 전위경도 · 26
- 05. 가우스(Gauss)의 법칙 · 28
- 06. 도체 표면의 정전 응력과 전계 에너지 · · · · · · · 32
- 07. 전기 쌍극자와 전기 2중층 · · · · · · · · · · · · · · · · · 33
- 08. 포아손(Poisson)과 라플라스(Laplace)의 방정식 · · · 35
- 적중실전문제 · 36

Chapter 03. 진공 중의 도체계와 정전용량 · · 55
- 01. 전위계수, 용량계수, 유도계수 · · · · · · · · · · · · · · 56
- 02. 정전 용량(Capacitance) · · · · · · · · · · · · · · · · · · · 57
- 03. 정전 용량의 합성 · 62
- 04. 정전 에너지, 에너지 밀도 · · · · · · · · · · · · · · · · · · 64
- 05. 도체계의 정전력 · 65
- 적중실전문제 · 66

Chapter 04. 유전체 · 81
- 01. 유전체 · 82
- 02. 분극전하와 분극의 세기 · · · · · · · · · · · · · · · · · · · 82
- 03. 유전체 중의 전기력, 전계의 세기, 전위, 정전용량 · · · 84
- 04. 유전체의 경계조건 · 86
- 05. 유전체 중의 정전 에너지 · · · · · · · · · · · · · · · · · · · 88
- 06. 유전체 중의 도체 표면에 작용하는 힘 · · · · · · · 88
- 07. 유전체 경계면에 작용하는 힘 · · · · · · · · · · · · · · · 88
- 08. 특수 분극 현상 · 90
- 적중실전문제 · 91

Chapter 05. 전기 영상법 · · · · · · · · · · · · · · · 109
- 01. 전기 영상법 · 110
- 02. 영상 전하와 전기력 · 110
- 적중실전문제 · 113

Chapter 06. 전류 · 121
- 01. 전류와 옴(Ohm)의 법칙 · · · · · · · · · · · · · · · · · 122
- 02. 전기저항 · 123
- 03. 저항의 접속, 저항의 합성 · · · · · · · · · · · · · · · · · 124
- 04. 전지와 전지의 접속 · 125
- 05. 연속 도체내의 전류 · 126
- 06. 전력과 주울열 · 126
- 07. 열전현상 · 128
- 08. 홀 효과(Hall Effect) · 128
- 09. 저항과 정전 용량 · 129
- 적중실전문제 · 130

Chapter 07. 정자계 · 141
- 01. 자하 · 142
- 02. 자계와 자기력선 · 143
- 03. 자위와 자위 경도 · 144
- 04. 가우스(Gauss)의 법칙 · · · · · · · · · · · · · · · · · · · 145

05. 자기 쌍극자와 자기 2중층 · · · · · · · · · · · · · · · 146
06. 자석의 자기 모멘트와 회전력 · · · · · · · · · · · · · 148
07. 진공 중의 정자계의 에너지 · · · · · · · · · · · · · · · 148
08. 암페어(Ampere)의 오른 나사의 법칙 · · · · · · · · 149
09. 암페어의 주회 적분의 법칙 · · · · · · · · · · · · · · 150
10. 암페어의 주회 적분의 법칙 미분형 · · · · · · · · · 151
11. 비오-사바르(Biot-Savart)의 법칙 · · · · · · · · · · 151
12. 전류에 의한 자계의 세기 · · · · · · · · · · · · · · · · 152
13. 전류에 의한 자계의 에너지 · · · · · · · · · · · · · · 155
14. 전류가 자계 내에서 받는 힘 · · · · · · · · · · · · · 156
15. 플레밍(Fleming)의 왼손 법칙 · · · · · · · · · · · · 156
16. 평행한 두 도선에 전류가 흐르는 경우 전자력 · · · · · 157
17. 로렌쯔(Lorentz)의 힘 · · · · · · · · · · · · · · · · · · 159
• 적중실전문제 · 161

Chapter 08. 자성체와 자기회로 · · · · · · · · 181

01. 자성체 · 182
02. 자화율, 비자화율, 자화의 세기 · · · · · · · · · · · · 184
03. 자계에서의 가우스(Gauss)의 법칙 · · · · · · · · · · 186
04. 강자성체의 성질 · 187
05. 자성체 경계면의 경계조건 · · · · · · · · · · · · · · · 188
06. 자기회로 · 189
• 적중실전문제 · 194

Chapter 09. 전자유도 · · · · · · · · · · · · · · · · 207

01. 전자유도 법칙 · 208
02. 패러데이, 노이만, 렌쯔의 법칙 · · · · · · · · · · · · 208
03. 전자 유도 법칙의 미분형과 적분형 · · · · · · · · · 209
04. 자계 내에서 도체의 운동에 의한 기전력 · · · · · · 210
05. 와전류(Eddy Current) · · · · · · · · · · · · · · · · · 212
06. 표피 효과(Skin Effect) · · · · · · · · · · · · · · · · · 213
07. 자기유도와 상호유도 · · · · · · · · · · · · · · · · · · 214
08. 회로가 갖는 자기 에너지 · · · · · · · · · · · · · · · · 215
• 적중실전문제 · 216

Chapter 10. 인덕턴스 · · · · · · · · · · · · · · · · 225

01. 인덕턴스(Inductance) · · · · · · · · · · · · · · · · · 226
02. 자기 인덕턴스 · 227
03. 노이만의 공식 · 233
04. 인덕턴스의 합성 · 234
05. 자기 에너지 · 235
• 적중실전문제 · 236

Chapter 11. 전자장 · · · · · · · · · · · · · · · · · · 247

01. 변위 전류 · 248
02. 맥스웰(Maxwell)의 전자계에 대한 방정식 · · · · · · 249
03. 전자파 · 250
04. 포인팅 벡터(Poynting Vector) · · · · · · · · · · · · 253
• 적중실전문제 · 254

MEMO

Chapter 01

벡터 해석

01. 스칼라(Scalar)와 벡터(Vector)

02. 벡터의 성분

03. 벡터(Vector)의 합과 차

04. 스칼라(Scalar)와 벡터(Vector)의 곱

05. 벡터(Vector)의 내적

06. 벡터(Vector)의 외적

07. 벡터의 미분 연산자

08. 스칼라의 구배(Gradient)

09. 벡터의 발산(Divergence)

10. 벡터의 회전(Rotation, Curl)

11. 가우스(Gauss)의 발산의 정리

12. 스토크스(Stokes)의 정리

● 적중실전문제

Chapter 01 벡터 해석

01 스칼라(Scalar)와 벡터(Vector)

물리량은 스칼라량과 벡터량으로 분류한다.

1) 스칼라 (scalar)
   크기만으로 결정되는 양으로 에너지, 전위, 길이, 시간, 온도 등이다.

2) 벡터 (vector)
   크기와 방향으로 결정되는 양으로 전기력, 자기력, 변위 등이다.

02 벡터의 성분

벡터의 문자 표시는 볼드체, 문자 위에 점을 찍거나 화살표로 표시한다.
$$A = \dot{A} = \vec{A}$$

1) 단위벡터는 크기가 1인 벡터이며 방향을 표시한다.

   (1) 직각 좌표계의 단위벡터
   ① $i = a_x$: $+x$ 방향 표시
   ② $j = a_y$: $+y$ 방향 표시
   ③ $k = a_z$: $+z$ 방향 표시

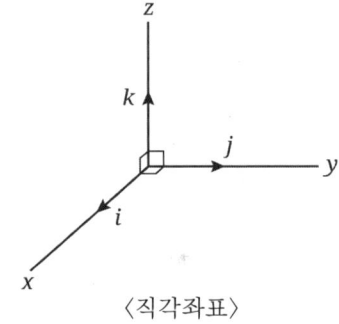

〈직각좌표〉

2) 표시 방법
$A = A_x i + A_y j + A_z k$
벡터의 크기는 각 방향 성분의 제곱의 합의 제곱근으로 계산한다.
벡터 A의 크기 $|A| = \sqrt{A_x^2 + A_y^2 + A_z^2}$
벡터 $B = 2i + 2j + k$
$|B| = \sqrt{2^2 + 2^2 + 1^2} = \sqrt{9} = 3$이다.

> **예제 1**
>
> 벡터 $A = i + 2j + 2k$의 크기를 구하시오.
> ① 1   ② 3   ③ 5   ④ 7
>
> 【해설】
> $A = \sqrt{1^2 + 2^2 + 2^2} = \sqrt{9} = 3$ 이다.
>
> [답] ②

벡터 $r_p = 3i + 4j + 5k$를 직각좌표에 표기하면 그림과 같다.

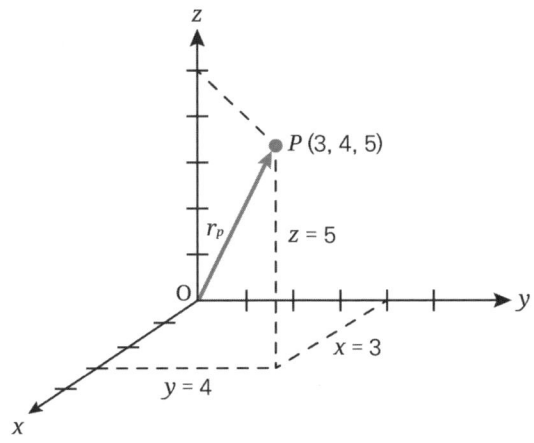

〈직각좌표에서 표시〉

3) 거리벡터

거리벡터는 한 점에서 다른 점까지의 변위이다.

점 A(1, 2, 3)[m]와 점 B(2, 1, 4)[m]의 위치가 정해진 경우 거리벡터를 구하면 다음과 같다.

A에서 B까지의 거리벡터는 B점에서 A점을 뺀다.

$r = (2, 1, 4) - (1, 2, 3) = (1, -1, 1)$
$\quad = i - j + k \, [\text{m}]$

예제 2

점 P(0, 2, 4)[m]와 점 Q(-2, 1, 6)[m]의 거리벡터를 구하시오.
① 1 ② 3 ③ 5 ④ 7

【해설】
$r = (-2, 1, 6) - (0, 2, 4) = (-2, -1, 2) = -2i - j + 2k \text{[m]}$
$|r| = \sqrt{(-2)^2 + (-1)^2 + 2^2} = 3 \text{[m]}$이다.

[답] ②

03 벡터(Vector)의 합과 차

같은 방향 성분의 합과 차로 계산한다.

$A = 2i + 3j + 4k$
$B = i + 2j + 2k$

$A + B = (2+1)i + (3+2)j + (4+2)k = 3i + 5j + 6k$
$A - B = (2-1)i + (3-2)j + (4-2)k = i + j + 2k$

벡터도에서 벡터의 합은 평행사변형법으로 구한다.
$A + B = C$

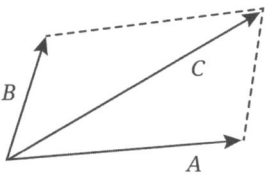

〈두 벡터의 합〉

04 스칼라(Scalar)와 벡터(Vector)의 곱

임의의 스칼라 ϕ를 벡터 A에 곱하면 벡터 A의 각 방향 성분이 ϕ배가 된다.
$A = i + 2j + 3k, \quad \phi = 3$
$\phi A = 3i + 6j + 9k$

05 벡터(Vector)의 내적

두 벡터의 내적은 결과가 스칼라이다.
내적은 같은 방향 성분의 곱으로 계산한다.
다른 방향 성분의 곱은 0이다.

1) $A \cdot B = AB\cos\theta$

   $AB\cos\theta$은 같은 방향성분의 곱을 의미한다.

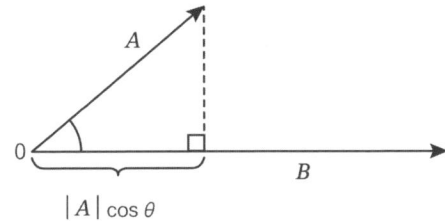

〈두 벡터의 내적〉

$A = Axi + Ayj + Azk$
$B = Bxi + Byj + Bzk$
벡터 A와 벡터 B를 내적하면 다음과 같다.
$A \cdot B = AxBx + AyBy + AzBz$

2) 단위 벡터의 내적

   $i \cdot i = j \cdot j = k \cdot k = 1 \cdot 1\cos 0° = 1$
   같은 방향의 단위벡터의 내적은 1이다.
   $i \cdot j = j \cdot k = k \cdot i = 1 \cdot 1\cos 90° = 0$
   다른 방향의 단위벡터의 내적은 0이다.

   두 벡터의 내적은 다음과 같다.
   $A = 2i + 3j + 4k, \ B = 2i + 3k$
   $A \cdot B = 4 + 12 = 16$

예제 3

$A = -7i - j$, $B = -3i - 4j$의 두 벡터가 이루는 각은 몇 도인가?

① 30 ② 45 ③ 60 ④ 90

【해설】

두 벡터가 이루는 각은 내적으로 구한다.

$A \cdot B = AB\cos\theta$

$\cos\theta = \dfrac{A \cdot B}{AB}$

$= \dfrac{(-7i-j) \cdot (-3i-4j)}{\sqrt{(-7)^2+(-1)^2}\sqrt{(-3)^2+(-4)^2}}$

$= \dfrac{21+4}{\sqrt{25 \times 2}\sqrt{25}} = \dfrac{25}{25\sqrt{2}} = \dfrac{1}{\sqrt{2}}$

$\therefore \theta = \cos^{-1}\dfrac{1}{\sqrt{2}} = 45°$

[답] ②

06 벡터(Vector)의 외적

두 벡터의 외적은 결과가 벡터이다.
즉, 크기와 방향이 있다.

1) $A \times B = C$
   $B \times A = -C$

 (1) 방향 : 오른나사가 벡터 A에서 벡터 B를 향하여 회전할 때 벡터 C의 방향은 오른나사의 진행방향이다.

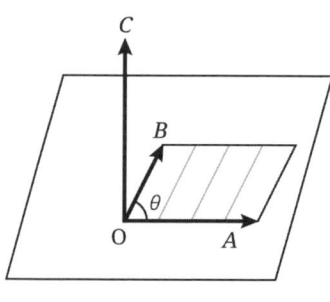

〈두 벡터의 외적〉

(2) 크기 $|C| = |A \times B| = AB\sin\theta$

벡터 A와 B를 두변으로 하는 평행사변형의 면적이다.

2) 단위 벡터의 외적

$i \times j = k, \ j \times k = i, \ k \times i = j$

$j \times i = -k, \ k \times j = -i, \ i \times k = -j$

$i \times i = 0, \ j \times j = 0, \ k \times k = 0$

3) 벡터의 외적은 행렬식으로 계산할 수 있다.

행렬식이란 행과 열에 숫자나 문자를 배열한 것이다.

$A = A_x i + A_y j + A_z k$

$B = B_x i + B_y j + B_z k$

$A \times B = \begin{vmatrix} i & j & k \\ A_x & A_y & A_z \\ B_x & B_y & B_z \end{vmatrix}$

$= (A_y B_z - A_z B_y)i + (A_z B_x - A_x B_z)j + (A_x B_y - A_y B_x)k$

07 벡터의 미분 연산자

∇ : 나블라(nabla), 델(del)

$\nabla = \dfrac{\partial}{\partial x}i + \dfrac{\partial}{\partial y}j + \dfrac{\partial}{\partial z}k$

$\nabla \cdot \nabla = \nabla^2 = \Delta$: 라플라시안(laplacian)

나블라의 제곱은 나블라 상호의 내적이다.

$\nabla^2 = \Delta = \dfrac{\partial^2}{\partial x^2} + \dfrac{\partial^2}{\partial y^2} + \dfrac{\partial^2}{\partial z^2}$

08 스칼라의 구배(Gradient)

스칼라 함수 ϕ일 때 $grad\phi = \nabla\phi$를 ϕ의 구배라 한다.

$$grad\phi = \nabla\phi = \frac{\partial \phi}{\partial x}i + \frac{\partial \phi}{\partial y}j + \frac{\partial \phi}{\partial z}k$$

결과 식은 벡터이다.

09 벡터의 발산(Divergence)

벡터 $A = A_x i + A_y j + A_z k$인 경우 벡터 A의 발산은 $divA$이다.

$$divA = \nabla \cdot A = \frac{\partial A_x}{\partial x} + \frac{\partial A_y}{\partial y} + \frac{\partial A_z}{\partial z}$$

결과 식은 스칼라이다.

10 벡터의 회전(Rotation, Curl)

벡터 $A = A_x i + A_y j + A_z k$의 회전은 $rotA$로 표시하고
계산은 $rotA = \nabla \times A$로 한다.

$$\nabla \times A = \begin{vmatrix} i & j & k \\ \frac{\partial}{\partial x} & \frac{\partial}{\partial y} & \frac{\partial}{\partial z} \\ A_x & A_y & A_z \end{vmatrix}$$

$$= \left(\frac{\partial A_z}{\partial y} - \frac{\partial A_y}{\partial z}\right)i + \left(\frac{\partial A_x}{\partial z} - \frac{\partial A_z}{\partial x}\right)j + \left(\frac{\partial A_y}{\partial x} - \frac{\partial A_x}{\partial y}\right)k$$

11 가우스(Gauss)의 발산의 정리

가우스의 발산의 정리는 체적 적분과 면적 적분과의 관계식이다.
$$\int_v div E\, dv = \int_s E \cdot n\, ds$$
임의의 폐곡면 내의 단위 체적에서 발산하는 유선의 체적에 대한 총합은 이 체적의 폐곡면을 통하여 유출하는 총 유선수와 같다.
여기서 유선은 전기력선 및 자기력선을 의미한다.

12 스토크스(Stokes)의 정리

스토크스의 정리는 회전벡터의 면적적분과 선적분과의 관계식이다.
$$\int_s rot\, H \cdot ds = \oint_l H \cdot dl$$
여기서 ℓ은 폐곡선, S는 ℓ을 둘레로 하는 면적이다.
$\oint$의 기호는 폐곡선를 따라서 1회전 적분하는 것을 의미한다.

예제 4

Stokes의 정리를 표시하는 일반식은?
① $\int_v rot\, E\, dv = \int div E\, ds$
② $\int_s E\, ds = \int_v div\, E\, dv$
③ $\oint_\ell E\, dl = \int_s rot\, E\, ds$
④ $\oint_c E\, dl = \int_v div\, E\, dv$

【해설】
회전벡터의 선적분과 면적적분의 관계식이다.

[답] ③

Chapter 01. 벡터 해석
적중실전문제

★★★☆☆

1. 두 단위 벡터간의 각을 θ라 할 때 벡터 곱(vector product)과 관계없는 것은?

① $i \times j = -j \times i = k$ ② $k \times i = -i \times k = j$
③ $i \times i = j \times j = k \times k = 0$ ④ $i \times j = 0$

> **해설 1**
> $i \times j = k$
>
> [답] ④

★★★☆☆

2. 다음 중 옳지 않는 것은?

① $i \cdot i = j \cdot j = k \cdot k = 0$ ② $i \cdot j = j \cdot k = k \cdot i = 0$
③ $A \cdot B = AB\cos\theta$ ④ $i \times i = j \times j = k \times k = 0$

> **해설 2**
> $i \cdot i = j \cdot j = k \cdot k = 1$
>
> [답] ①

★★★★★

3. $A = -7i - j$, $B = -3i - 4j$의 두 벡터가 이루는 각은 몇 도인가?

① 30   ② 45   ③ 60   ④ 90

> **해설 3**
> 두 벡터가 이루는 각은 내적으로 구한다.
> $A \cdot B = AB\cos\theta$
> $\cos\theta = \dfrac{A \cdot B}{AB}$
> $= \dfrac{(-7i-j)\cdot(-3i-4j)}{\sqrt{(-7)^2+(-1)^2}\sqrt{(-3)^2+(-4)^2}}$
> $= \dfrac{21+4}{\sqrt{50}\sqrt{25}} = \dfrac{25}{25\sqrt{2}} = \dfrac{1}{\sqrt{2}}$
> $\therefore \theta = \cos^{-1}\dfrac{1}{\sqrt{2}} = 45°$
>
> [답] ②

4. 두 벡터 $A = A_x i + 2j$, $B = 3i - 3j + k$가 서로 직교하려면 A_x의 값은?

① 0　　　　② 2　　　　③ 1/2　　　　④ -2

> **해설 4**
> 두 벡터가 직교 또는 직각이 되려면 $\theta = 90°$이다.
> $A \cdot B = AB \cos 90° = 0$
> $(A_x i + 2j) \cdot (3i - 3j + k) = 3A_x - 6 = 0$
> $\therefore A_x = 2$

[답] ②

5. 두 벡터 $A = 2i + 2j + 4k$, $B = 4i - 2j + 6k$ 일 때 $A \times B$의 값은?

① 28　　　　　　　　　② $8i - 4j + 24k$
③ $6i + j + 10k$　　　　④ $20i + 4j - 12k$

> **해설 5**
> $A \times B = \begin{vmatrix} i & j & k \\ 2 & 2 & 4 \\ 4 & -2 & 6 \end{vmatrix} = (12+8)i + (16-12)j + (-4-8)k$
> $= 20i + 4j - 12k$

[답] ④

6. $A = 2i - 5j + 3k$ 일 때 $k \times A$를 계산한 것 중 옳은 것은?

① $-5i + 2j$　　　　② $-5i + 2j$
③ $-5i - 2j$　　　　④ $5i + 2j$

> **해설 6**
> $k \times A = k \times (2i - 5j + 3k)$
> $= 2j - 5(-i) + 0 = 5i + 2j$

[답] ④

7. 모든 장소에서 $\nabla \cdot D = 0$, $\nabla \times \dfrac{D}{\epsilon} = 0$와 같은 관계가 성립하면 D는 어떤 성질을 가져야 하는가?

① x의 함수
② y의 함수
③ z의 함수
④ 상수

해설 7

$\nabla \cdot D = 0$

$\dfrac{\partial D_x}{\partial x} + \dfrac{\partial D_y}{\partial y} + \dfrac{\partial D_z}{\partial z} = 0$: D의 각 방향성분 D_x, D_y, D_z가 상수라는 뜻

$\nabla \times \dfrac{D}{\epsilon} = 0$: D의 각 방향성분 D_x, D_y, D_z가 상수라는 뜻이다.

내적과 외적의 결과가 0이라는 의미는 변수가 없고 상수이다.

[답] ④

8. V를 임의 스칼라라 할 때 $grad\ V$의 직각 좌표에 있어서의 표현은?

① $\dfrac{\partial V}{\partial x} + \dfrac{\partial V}{\partial y} + \dfrac{\partial V}{\partial z}$

② $i\dfrac{\partial V}{\partial x} + j\dfrac{\partial V}{\partial y} + k\dfrac{\partial V}{\partial z}$

③ $\dfrac{\partial^2 V}{\partial x^2} + \dfrac{\partial^2 V}{\partial y^2} + \dfrac{\partial^2 V}{\partial z^2}$

④ $i\dfrac{\partial^2 V}{\partial x^2} + j\dfrac{\partial^2 V}{\partial y^2} + k\dfrac{\partial^2 V}{\partial z^2}$

해설 8

$grad\ V = \nabla V = \dfrac{\partial V}{\partial x}i + \dfrac{\partial V}{\partial y}j + \dfrac{\partial V}{\partial z}k$: 결과는 벡터이다.

[답] ②

9. 임의점에서 전계의 세기가 $E = iE_x + jE_y + kE_z$로 표시되었을 때 $\dfrac{\partial E_x}{\partial x} + \dfrac{\partial E_y}{\partial y} + \dfrac{\partial E_z}{\partial z}$와 같은 의미를 갖는 것은?

① $\nabla \times E$
② $rot\, E$
③ $grad\, E$
④ $\nabla \cdot E$

해설 9
결과가 스칼라(크기만 있는 양)이면 $\nabla \cdot E$이다.

[답] ④

10. 벡터의 미분 연산자 ∇와 벡터 A와의 벡터적과 관계없는 것은?

① $curl\, A$
② $\nabla \times A$
③ $div\, A$
④ $rot\, A$

해설 10
$div\, A = \nabla \cdot A$: 스칼라 곱이므로 관계없다.

[답] ③

11. 전계 $E = i\,3x^2 + j\,2xy^2 + k\,x^2yz$의 $div\, E$는 얼마인가?

① $-i\,6x + j\,xy + k\,x^2y$
② $i\,6x + j\,6xy + k\,x^2y$
③ $-(6x + 6xy + x^2y)$
④ $6x + 4xy + x^2y$

해설 11
$\nabla \cdot E = \dfrac{\partial E_x}{\partial x} + \dfrac{\partial E_y}{\partial y} + \dfrac{\partial E_z}{\partial z} = 6x + 4xy + x^2y$

[답] ④

12. $f = xyz$, $A = xi + yj + zk$ 일 때 점 $(1,1,1)$ 에서의 $div(fA)$는?

① 3　　　② 4　　　③ 5　　　④ 6

해설 12

$fA = x^2yzi + xy^2zj + xyz^2k$

$div(fA) = \nabla \cdot fA = \dfrac{\partial fA_x}{\partial x} + \dfrac{\partial fA_y}{\partial y} + \dfrac{\partial fA_z}{\partial z}$

$\qquad\qquad = 2xyz + 2xyz + 2xyz$

위 결과 식에 (1, 1, 1) 대입하면 $2 + 2 + 2 = 6$이다.

[답] ④

13. $\int_s E ds = \int_v \nabla \cdot E dv$은 다음 중 어느 것에 해당되는가?

① 발산의 정리　　　② 가우스의 정리
③ 스토크스의 정리　④ 암페어의 법칙

해설 13

발산의 정리는 벡터의 면적적분과 체적적분의 관계식이다.

[답] ①

14. Stokes의 정리를 표시하는 일반식은?

① $\int_v rot E dv = \int div E ds$

② $\int_s E ds = \int_v div E dv$

③ $\oint_\ell E dl = \int_s rot E ds$

④ $\oint_c E dl = \int_v div E dv$

해설 14
회전벡터의 선적분과 면적적분의 관계식이다.

[답] ③

15. 직교좌표 공간에서 벡터 A의 회전에 대한 x방향 성분은?

① $\dfrac{\partial A_y}{\partial x} - \dfrac{\partial A_x}{\partial y}$ ② $\dfrac{\partial A_z}{\partial y} - \dfrac{\partial A_y}{\partial z}$

③ $\dfrac{\partial A_x}{\partial z} - \dfrac{\partial A_z}{\partial x}$ ④ $\dfrac{\partial A_x}{\partial y} - \dfrac{\partial A_x}{\partial z}$

해설 15
벡터 $A = A_x i + A_y j + A_z k$의 회전은 $rot\,A = \nabla \times A$로 한다.

$$\nabla \times A = \begin{vmatrix} i & j & k \\ \dfrac{\partial}{\partial x} & \dfrac{\partial}{\partial y} & \dfrac{\partial}{\partial z} \\ A_x & A_y & A_z \end{vmatrix}$$

$$= \left(\dfrac{\partial A_z}{\partial y} - \dfrac{\partial A_y}{\partial z}\right)i + \left(\dfrac{\partial A_x}{\partial z} - \dfrac{\partial A_z}{\partial x}\right)j + \left(\dfrac{\partial A_y}{\partial x} - \dfrac{\partial A_x}{\partial y}\right)k$$

[답] ②

16. 어떤 물체에 $F_1 = -3i + 4j - 5k$ 와 $F_2 = 6i + 3j - 2k$ 의 힘이 작용하고 있다. 이 물체에 F_3을 가하였을 때 세 힘이 평형이 되기 위한 F_3은?

① $F_3 = -3i - 7j + 7k$ ② $F_3 = 3i + 7j - 7k$

③ $F_3 = 3i - j - 7k$ ④ $F_3 = 3i - j + 3k$

해설 16
평형이 되기 위한 조건은 벡터합의 값이 0인 경우이다.
$F_1 + F_2 + F_3 = 0$
$F_3 = -(F_1 + F_2) = -(3i + 7j - 7k) = -3i - 7j + 7k$
※ 벡터의 합 또는 차는 같은 방향성분의 합과 차이다.

[답] ①

17. 다음 중 스토크스(Stokes)의 정리로 맞는 것은 어느 식인가?

① $\int_s B \cdot dS = \int_s (\nabla \times H) \cdot dS$

② $\oint_l H \cdot dS = \int_s (\nabla \cdot H) \cdot dS$

③ $\oint_l H \cdot dS = \int (\nabla \cdot H) \cdot dL$

④ $\oint_l H \cdot dL = \int_s (\nabla \times H) \cdot dS$

해설 17
회전벡터의 선적분과 면적적분의 관계식이다.

[답] ④

Chapter 02

진공 중의 정전계

01. 전하와 대전체

02. 쿨롱(Coulomb)의 법칙

03. 전계와 전기력선

04. 전위와 전위경도

05. 가우스(Gauss)의 법칙

06. 도체 표면의 정전 응력과 전계 에너지

07. 전기 쌍극자와 전기 2중층

08. 포아손(Poisson)과 라플라스(Laplace)의 방정식

- 적중실전문제

Chapter 02 진공 중의 정전계

01 전하와 대전체

전하는 전기량이다.
양자는 +전기이고 전자는 -전기이다.

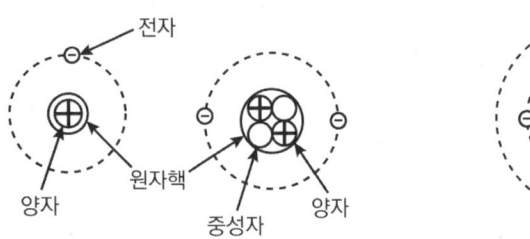

〈수소, 헬륨, 리튬의 원자핵의 구조〉

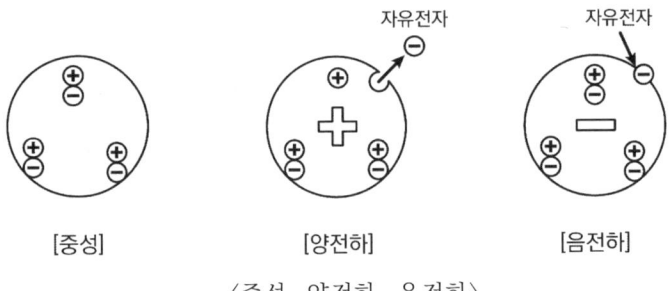

〈중성, 양전하, 음전하〉

전하의 단위는 [C]이고 쿨롱(Coulomb)이라 읽는다.

전자의 전하 $e = -1.602 \times 10^{-19}[C]$

질량 $m = 9.109 \times 10^{-31}[kg]$

전자의 비전하 $\dfrac{e}{m} = \dfrac{-1.602 \times 10^{-19}}{9.109 \times 10^{-31}} = -1.758 \times 10^{11}[C/kg]$

양자의 전하 $e' = 1.602 \times 10^{-19}[C]$

질량 $m' = 1.6725 \times 10^{-27}[kg]$

전자와 양자의 전기량은 같고 질량은 다르다.

1) 전하를 표시하는 문자기호
   점전하 $Q[C]$, $q[C]$
   선전하 밀도 λ, $\rho_L[C/m]$
   면전하 밀도 σ, $\rho_s[C/m^2]$
   체적 전하 밀도 ρ, $\rho_v[C/m^3]$

2) 대전체
   (1) 대전 : 두 물체를 마찰하면 마찰부분의 열에 의해서 전자의 이동으로 전자의 과부족이 나타나는 현상이다.
   (2) 대전체는 대전된 물체이다.

02 쿨롱(Coulomb)의 법칙

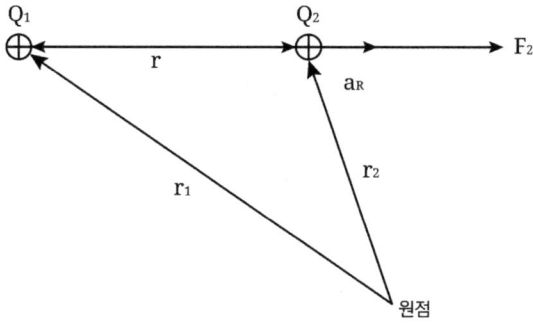

〈전하 사이 전기력의 방향〉

1) 쿨롱의 법칙 : 전기 사이의 전기력을 구하는 방법이다.

   (1) 전기력은 두 전하의 곱에 비례한다.
   (2) 전기력은 두 전하 사이의 거리의 제곱에 반비례한다.
   (3) 전기력의 방향은 두 전하의 부호가 같으면 반발력, 두 전하의 부호가 다르면 흡인력이 작용한다.
   (4) 전기력의 방향은 두 전하를 연결하는 직선상에 있다.
   (5) 전기력은 두 전하 사이의 매질에 따라 다르다.

점전하 Q_1, Q_2[C]이 진공 중에서 r[m] 떨어져 있을 때 전기력 F[N]은 다음과 같다.

$$F = 9 \times 10^9 \times \frac{Q_1 Q_2}{r^2} = \frac{1}{4\pi\epsilon_0} \frac{Q_1 Q_2}{r^2} [N]$$

$$9 \times 10^9 = \frac{1}{4\pi\epsilon_0}$$

진공의 유전율 $\epsilon_0 = \dfrac{1}{4\pi \times 9 \times 10^9} = 8.854 \times 10^{-12}$[F/m]이다.

$$F = \frac{Q_1 Q_2}{4\pi\epsilon_0 r^2} a_r [N] \; : \; a_r \text{은 단위 벡터이다.}$$

예제 1

광속도를 C[m/s]로 표시하면 진공의 유전율[F/m]은?

① $\dfrac{10^7}{4\pi C^2}$ ② $\dfrac{10^{-7}}{C^2}$

③ $\dfrac{4\pi C^2}{10^7}$ ④ $\dfrac{10^{-7}}{4\pi C}$

【해설】

$\dfrac{1}{4\pi\epsilon_0} = 9 \times 10^9 \rightarrow \epsilon_0 = \dfrac{10^{-9}}{36\pi}$[F/m] : 진공의 유전률

$\mu_0 = 4\pi \times 10^{-7}$[H/m] : 진공의 투자율

$C = \dfrac{1}{\sqrt{\epsilon_0 \mu_0}}$[m/s] : 광(빛)속도

$C^2 = \dfrac{1}{\epsilon_0 \mu_0} \rightarrow \epsilon_0 = \dfrac{1}{\mu_0 C^2} = \dfrac{1}{4\pi \times 10^{-7} C^2} = \dfrac{10^7}{4\pi C^2}$

[답] ①

예제 2

쿨롱의 법칙에 관한 설명으로 잘못 기술된 것은?
① 힘의 크기는 두 전하의 곱에 비례한다.
② 작용하는 힘의 방향은 두 전하를 연결하는 직선과 일치한다.
③ 힘의 크기는 두 전하 사이의 거리에 반비례한다.
④ 작용하는 힘은 두 전하가 존재하는 매질에 따라 다르다.

【해설】
전기력은 두 전하 사이의 거리의 제곱에 반비례한다.

[답] ③

2) 정전 유도

전기적으로 중성인 물체 근처에 대전체를 놓으면 그림과 같이 대전체 가까운 곳에는 다른 부호의 전하, 먼 곳에는 같은 종류의 전하가 분포되는 현상이다.

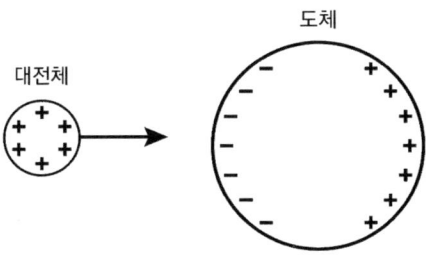

〈도체의 정전유도〉

(1) 도체의 정전유도는 전기력에 의해서 전자가 이동하여 도체내의 전하분포가 변하는 것이다.
(2) 부도체의 정전유도는 원자핵(양자)과 전자의 상대적인 변위에 의한 분극이 발생하는 것이다.
(3) 정전차폐는 두 도체 상호간의 전기력을 차단하여 정전유도를 막는 것이다. 정전차폐는 다음 그림과 같이 도체로 포위하여 접지한다.

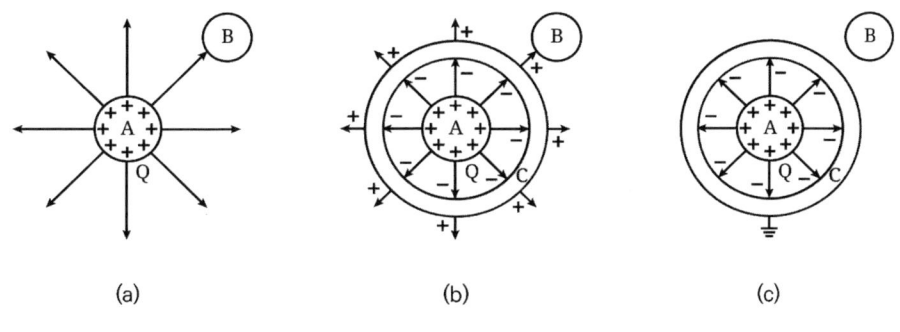

〈정전유도와 정전차폐〉

03 전계와 전기력선

1) 전계의 세기와 방향
   (1) 전계는 전기력이 미치는 공간이다.
       전계는 전기장, 전장이다.

   (2) 정전계는 정전에너지가 최소로 되는 전하 분포의 전계이다.
       또한 정지된 전하에 의한 전계를 정전계라 한다.

   (3) 전계의 세기
       문자기호는 E 이다.
       단위는 $[N/C]$, $[V/m]$ 이다.

   ① 전계 내에 +1[C]를 놓았을 때 작용하는 힘을 그 점의 전계의 세기라 한다.

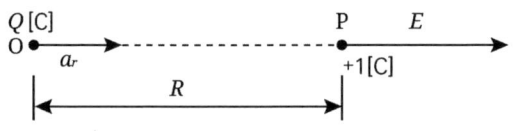

   〈점전하에 의한 전계의 세기〉

   크기 $E = 9 \times 10^9 \dfrac{Q}{R^2} = \dfrac{Q}{4\pi\epsilon_0 R^2} [N/C]$

   벡터 $E = \dfrac{Q}{4\pi\epsilon_0 R^2} a_r [N/C]$

   여기서, a_r 은 단위 벡터이다.

2) 전계 중에서 전하가 받는 힘
   $F = QE [N]$
   여기서, $E[V/m]$, $[N/C]$ 는 전계의 세기이다.
   $Q[C]$ 은 점전하, $F[N]$ 는 전기력이다.

   (1) $+Q[C]$ 이면, E 방향과 F 의 방향은 같다.
   (2) $-Q[C]$ 이면, E 방향과 F 의 방향은 반대이다.

3) 전기력선

전기력선은 가상의 선이다.

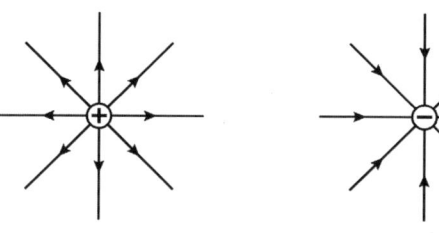

양(+)점전하   음(-)점전하

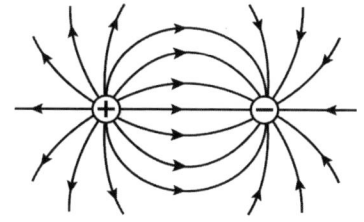

양(+), 음(-)의 점전하

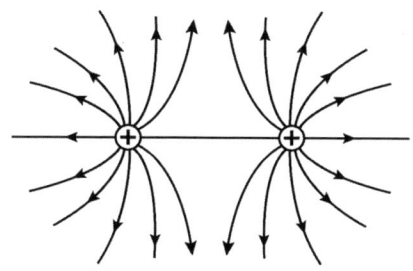

두 양(+) 점전하

〈전기력선의 방향〉

전기력선은 가상의 선으로 다음과 같은 성질을 갖는다.

① 전기력선의 방향은 그 점의 전계의 방향과 같다.
② 전기력선의 밀도[개/m^2]는 전계의 세기 [N/C]와 같다.
③ Q[C]에서는 Q/ϵ_0[개]가 나온다.
④ 전기력선은 정(+)전하에서 시작하여 부(-)전하에서 끝난다.
⑤ 전하가 없는 곳에서는 전기력선의 발생, 소멸이 없다. 즉 연속적이다.
⑥ 전기력선은 전위가 낮아지는 방향으로 향한다.
⑦ 전기력선은 그 자신만으로 폐곡선을 만들지 않는다.
⑧ 도체 내부에는 전기력선이 존재하지 않는다.
⑨ 전기력선은 등전위면과 직교한다.
⑩ 전계가 0이 아닌 곳에서는 2개의 전기력선은 교차하지 않는다.
⑪ +1[C]에서 $1/\epsilon_0$[개]의 전기력선이 나가고, -1[C]에서는 $1/\epsilon_0$[개]의 전기력선이 들어온다.

4) 전기력선의 방정식

전계 중에서 한 점의 전계의 세기 $E = E_x i + E_y j + E_z k$
그 점에서 전기력선의 미소 부분 $dl = d_x i + d_y j + d_z k$로 표시했을 때
전기력선의 방정식은 다음과 같다.

$$E_x : E_y = d_x : d_y, \quad E_x : E_z = d_x : d_z$$

$$\frac{d_x}{E_x} = \frac{d_y}{E_y} = \frac{d_z}{E_z}$$

5) 패러데이(Faraday)관
   (1) 패러데이관은 가상의 관이다. 전속(선)이라고도 한다.
   (2) 패러데이관 양단에 정(+), 부(-)의 단위 전하가 있다.
   (3) 패러데이관의 밀도 [개/m^2]는 전속밀도와 같다.
   (4) 패러데이관 내의 전속 수는 일정하다.

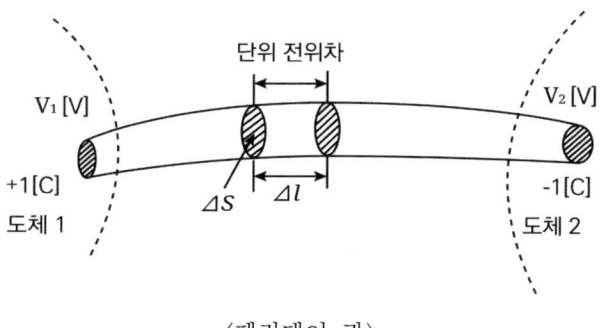

〈페러데이 관〉

예제 3

다음은 전기력선의 성질이다. 틀린 것은?
① 전기력선의 방향은 그 점의 전계의 방향과 일치한다.
② 전기력선은 전위가 높은 점에서 낮은 점으로 향한다.
③ 전기력선 밀도는 전계의 세기와 무관하다.
④ 두 개의 전기력선은 교차하지 않으며 그 자신만으로 폐곡선이 되지 않는다.

【해설】
전기력선의 밀도 [개/m^2]는 전계의 세기 [N/C]와 같다.

[답] ③

04 전위와 전위경도

1) 일, 힘, 거리의 관계는 다음과 같다.
$$W = F \cdot r [\text{N} \cdot \text{m} = \text{J}]$$
여기서, W는 일, F는 힘, r은 거리이다.
   (1) 전계 중에서 전계와 반대 방향으로 전하를 이동시키려면 에너지가 필요하다. 이때 전하는 그 에너지만큼 위치 에너지가 증가한다.
   (2) 전계의 세기 E와 반대 방향으로 전하 $Q[\text{C}]$을 $r[\text{m}]$ 이동시키려면 $W = QE \cdot r = F \cdot r[\text{J}]$의 에너지가 필요하다.
   $W[\text{J}]$만큼 전하 $Q[\text{C}]$은 위치 에너지가 증가한다.
   (3) 전계의 세기 E와 같은 방향으로 전하 $Q[\text{C}]$을 $r[\text{m}]$ 이동시키면 $W[\text{J}]$만큼 위치 에너지가 감소한다.

2) 전위

전계 중에서 +1[C]이 갖는 위치 에너지가 전위이다.

P점의 전위 $V_p = -\int_{\infty}^{p} E\, dr = V_p - V_{\infty}$

여기서, $V_{\infty} = 0[\text{V}]$이다.

전계와 반대 방향으로 +1[C]의 전하를 무한 원점에서 P점까지 이동시킬 때 하는 일을 그 점의 전위라 한다.

진공 중에서 점전하 $Q[\text{C}]$으로부터 $r[\text{m}]$ 떨어진 곳의 전위 $V[\text{V}]$은 다음과 같다.

$$V = -\int_{\infty}^{r} E\, dr = \int_{r}^{\infty} \frac{Q}{4\pi\epsilon_0 r^2}\, dr = \frac{Q}{4\pi\epsilon_0 r}\, [\text{V}]$$

$$V = 9 \times 10^9 \times \frac{Q}{r}\, [\text{V}]$$

$$1[\text{V}] = 1[\text{J/C}]$$

3) 전위차

전계 중에서 전계와 반대 방향으로 +1[C]을 점 B에서 점 A까지 이동하는데 하는 일을 A점과 B점 사이의 전위차라 한다.

$$V_{AB} = -\int_{B}^{A} E \cdot dr\, [\text{V}] = V_A - V_B\, [\text{V}]$$

B점과 A점의 전위차는 다음과 같다.
$$V_{BA} = -\int_A^B E \cdot dr [V] = V_B - V_A [V]$$

(1) 전위차 V_{AB} 사이를 전하 Q[C]를 이동시킬 때 하는 일
$$W = V_{AB}Q[J]$$
(2) 무한 원점이라 함은 전하로부터 전계가 0인 곳으로 전위가 0인 점이다.
(3) 정전계 중에서 위치가 변하지 않으면 전위차는 없다.
  전계 중에서 +1[C]을 일주시키면 위치가 불변하므로 전위차는 0이다.
$$\oint E \cdot dr = \int_s rot E \cdot ds = 0$$
$$rot\, E = 0$$

4) 전위 경도 (potential gradient)
1[m] 당 전위가 변하는 정도이다.

(1) 전위 경도에 $-$를 붙이면 전계의 세기이다.
(2) $E = -\dfrac{dV}{dr}[V/m]$
  전위 경도로 전계의 세기를 구한다.
(3) $E = -grad\, V = -\nabla V[V/m]$

예제 4

공기의 절연내력을 3[kV/mm]라고 하면 지름 1[cm]의 도체구에 걸리는 최대 전압은 몇 [kV]인가?
① 15[kV] ② 30[kV] ③ 15[MV] ④ 30[MV]

【해설】
$V = E \cdot r = 3 \times 5 \left[\dfrac{kV}{mm} \cdot mm = kV\right]$, 반지름 $r = 5[mm]$이다.
$= 15[kV]$

[답] ①

05 가우스(Gauss)의 법칙

전기력선의 밀도로 전계의 세기를 구하는 방법이다.

1) 진공 중에 Q[C]의 전하가 있을 때 이를 포위한 폐곡면과 법선방향으로 통하는 전기력선을 면적 적분한 값은 폐곡면내의 전하 Q를 $1/\varepsilon_0$ 배한 값과 같다.

$$\int_s E \cdot ds = \frac{Q}{\varepsilon_o} \text{[개]}$$

2) Q[C]의 전하가 있을 때 이를 포위한 폐곡면과 법선방향으로 통하는 전속밀도를 면적 적분한 값은 폐곡면 내의 전하 Q와 같다.

   (1) $\int_s D \cdot ds = Q$

   전하와 전속(선)은 같다. 전속을 유전속이라고도 한다.

   (2) $\int_s E \cdot ds = \frac{Q}{\varepsilon_o}$ → $\int_s \varepsilon_0 E \cdot ds = Q$

   (3) $D = \varepsilon_0 E \, [\text{C/m}^2]$

3) 임의의 폐곡면 안에 정(+), 부(-) 같은 양의 전하가 있는 경우 합은 0이므로 전기력선이나 전속의 발산은 없다.

4) $div E = \rho/\epsilon_0$: 체적 전하 밀도에서 발산하는 전기력선 수

5) $div D = \rho$: 체적 전하 밀도에서 발산하는 전속 수

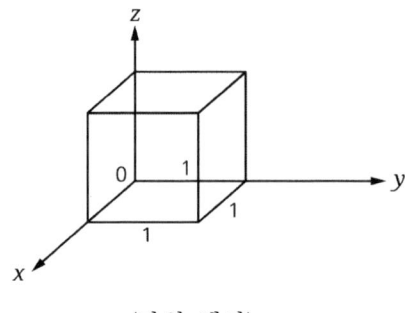

〈단위 체적〉

6) Gauss의 법칙을 이용하여 전계의 세기를 구하는 예문이다.

(1) 전하 분포가 내부까지 균일하게 분포된 경우
　　가상 구 도체

반지름 a[m]인 구 도체의 전하가 Q[C]이면 $\rho = \dfrac{Q}{\dfrac{4}{3}\pi a^3} [C/m^3]$ 이다.

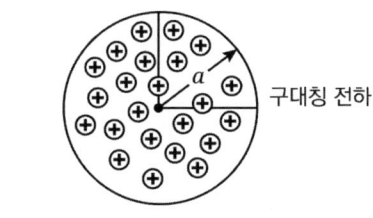

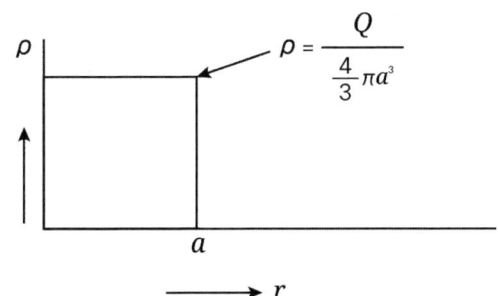

〈균일한 전하분포의 구 도체〉

① 구 도체 내부의 전계의 세기 (r < a)
$$E = \dfrac{Qr}{4\pi\epsilon_0 a^3} \ [V/m]$$
구 도체 내부의 전계의 세기는 구 중심에서 거리 r에 비례한다.

② 구 도체 표면의 전계의 세기
$$E = \dfrac{Q}{4\pi\epsilon_0 a^2} = 9\times 10^9 \dfrac{Q}{a^2} \ [V/m]$$

③ 구 도체 외부의 전계의 세기(r > a)
$$E = \dfrac{Q}{4\pi\epsilon_0 r^2} \ [V/m]$$

④ 다음은 구 도체 내부, 표면, 외부의 전계의 세기를 나타낸 그림이다.

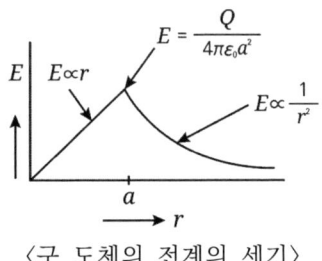

〈구 도체의 전계의 세기〉

(2) 전하 분포가 축 대칭인 원주도체 (반지름 a)
  ① 원주도체 내부의 전계의 세기(r<a)
  $$E = \frac{r\lambda}{2\pi\epsilon_0 a^2} = 18 \times 10^9 \frac{r\lambda}{a^2} \, [\text{V/m}]$$

  원주도체의 내부의 전계의 세기는 중심축에서 거리 r에 비례한다.

  ② 원주도체 표면의 전계의 세기
  $$E = \frac{\lambda}{2\pi\epsilon_0 a} = 18 \times 10^9 \frac{\lambda}{a} \, [\text{V/m}]$$

  ③ 원주도체 외부의 전계의 세기(r>a)
  $$E = \frac{\lambda}{2\pi\epsilon_0 r} = 18 \times 10^9 \frac{\lambda}{r} \, [\text{V/m}]$$

(3) 전하 분포가 균일한 평판도체
  $$E = \frac{\rho_s}{\epsilon_0} \times \frac{1}{2} = \frac{\rho_s}{2\epsilon_0} \, [\text{V/m}]$$

  전기력선이 양쪽으로 $\frac{1}{2}$씩 나눠진다.

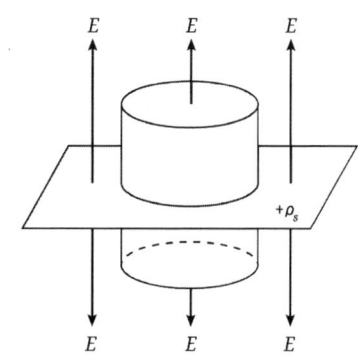

〈평판 도체 전하분포에 의한 전계〉

(4) 도체표면의 곡률에 따른 전계의 세기
① 곡면의 곡률이 크면 표면전하밀도가 많고 전계의 세기가 크다.
② 곡면의 곡률이 작으면 표면전하밀도가 적고 전계의 세기가 작다.

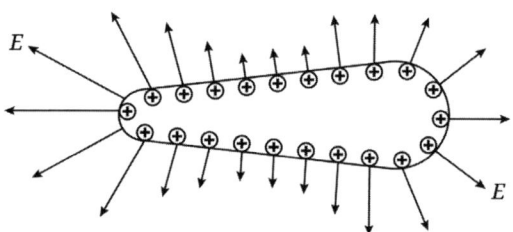

〈곡률에 따른 도체 표면의 전계의 세기〉

예제 5

대전 도체 표면의 전하밀도는 도체 표면의 모양에 따라 어떻게 되는가?
① 곡률이 크면 작아진다.
② 곡률이 크면 커진다.
③ 평면일 때 가장 크다.
④ 표면 모양에 무관하다.

【해설】
도체 표면이 뾰족한 곳은 곡률이 큰 곳이며 곡률 반지름이 작은 곳이다.
여기에 전하밀도가 많고, 전계의 세기가 크다.

[답] ②

06 도체 표면의 정전 응력과 전계 에너지

1) 도체 표면에 전하가 분포된 경우
   표면 전계의 세기 $E = \sigma/\epsilon_o$ [V/m]

   σ : 표면 전하 밀도 [C/m²], $\sigma = D$: 전하 밀도는 전속 밀도와 같다.

   단위 면적에 작용하는 정전 응력 f[N/m²]은 다음과 같다.
   $$f = \frac{\sigma^2}{2\epsilon_0} = \frac{1}{2}\epsilon_0 E^2 = \frac{1}{2}ED = \frac{D^2}{2\epsilon_0} [\text{N/m}^2]$$

2) 전계의 세기가 E인 곳의 단위 체적 당 에너지 밀도는 다음과 같다.
   $$D = \epsilon_0 E [\text{C/m}^2]$$
   $$W = \frac{1}{2}\epsilon_0 E^2 = \frac{1}{2}ED = \frac{D^2}{2\epsilon_0} [\text{J/m}^3]$$

3) D, E로 표시할 때 단위 체적 당 전계 에너지 밀도와 정전 응력은 같다.

예제 6

반지름 2[m]인 구도체에 전하 10×10^{-4}[C]이 주어질 때 구도체 표면에 작용하는 정전 응력은 약 몇 [N/m²]인가?

① 22.4[N/m²]　　　　② 26.6[N/m²]
③ 30.8[N/m²]　　　　④ 32.2[N/m²]

【해설】

① $f = \frac{1}{2}\epsilon_0 E^2 [\text{N/m}^2] = \frac{1}{2} \times 8.854 \times 10^{-12} \times \left(\frac{9}{4}\right)^2 \times (10^6)^2 = 22.411 [\text{N/m}^2]$

② 구 도체표면의 전계의 세기를 구하여 위 식에 대입한다.
$$E = 9 \times 10^9 \times \frac{Q}{r^2} [\text{V/m}]$$
$$= 9 \times 10^9 \times \frac{10 \times 10^{-4}}{2^2} = \frac{9}{4} \times 10^6 [\text{V/m}]$$

[답] ①

07 전기 쌍극자와 전기 2중층

1) 전기 쌍극자

크기가 같고 부호가 반대인 두 점 전하가 미소 거리를 사이에 두고 있는 것을 전기 쌍극자라 한다.

(1) 전기 쌍극자 모멘트는 $M = Q \cdot \delta\,[\mathrm{C} \cdot \mathrm{m}]$이다.

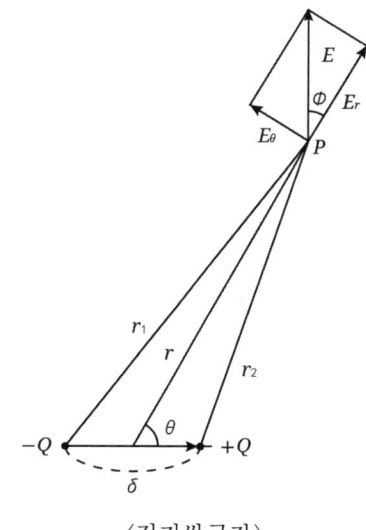

〈전기쌍극자〉

(2) 전기 쌍극자에 의한 전위

+Q를 X축 방향에 놓고 이 축을 기준으로 θ각으로 $r[\mathrm{m}]$ 떨어진 곳 p점 전위 $V_P = \dfrac{M\cos\theta}{4\pi\epsilon_0 r^2} = 9 \times 10^9 \dfrac{M\cos\theta}{r^2}\,[\mathrm{V}]$이다.

θ가 $0°$일 때 $\cos 0° = 1$이므로 전위 V_P는 최대값이다.

θ가 $180°$일 때 $\cos 180° = -1$이므로 전위 V_P는 최소값이다.

(3) 전기 쌍극자에 의한 전계의 세기

$$E_r = -\frac{\partial V}{\partial r} = \frac{2M\cos\theta}{4\pi\epsilon_0 r^3}\,[\mathrm{V/m}],\quad E_\theta = -\frac{\partial V}{r\partial \theta} = \frac{M\sin\theta}{4\pi\epsilon_0 r^3}\,[\mathrm{V/m}]$$

$$E = \sqrt{E_r^2 + E_\theta^2} = \frac{M}{4\pi\epsilon_0 r^3}\sqrt{1 + 3\cos^2\theta}\,[\mathrm{V/m}]$$

θ가 $0°$일 때 최대이다.

2) 전기 2중층(electric double layer)

얇은 판에 +전하와 -전하가 양면에 분포된 것을 전기 2중층이라 한다.
$+\sigma[C/m^2]$, $-\sigma[C/m^2]$를 전하 밀도, 2중 층의 두께는 $\delta[m]$라 하고 2중층의 세기는 $M = \sigma\delta[C/m]$, 입체각은 $\omega[Sr]$이다.

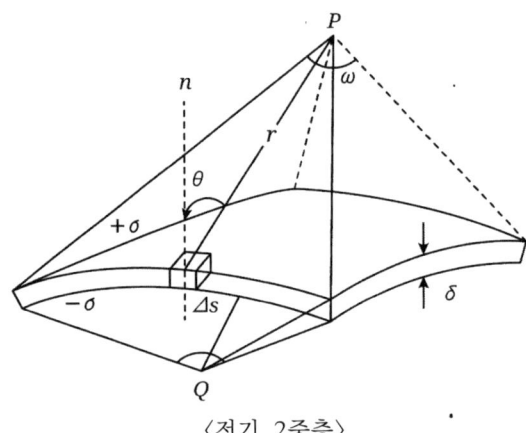

〈전기 2중층〉

(1) $+\sigma$ 전하 쪽의 전위 $V_P = \dfrac{M}{4\pi\epsilon_0}\omega[V]$

(2) $-\sigma$ 전하 쪽의 전위 $V_Q = \dfrac{-M}{4\pi\epsilon_0}\omega[V]$

(3) P점과 Q점이 무한이 접근할 때 $\omega \fallingdotseq 2\pi[Sr]$, 이 경우 P점과 Q점의 전위차
$V = \dfrac{M}{4\pi\epsilon_0}\omega - \dfrac{-M}{4\pi\epsilon_0}\omega = \dfrac{M}{2\epsilon_0} - \dfrac{-M}{2\epsilon_0} = \dfrac{M}{\epsilon_0}[V]$

예제 7

쌍극자 모멘트가 $M[C\cdot m]$인 전기 쌍극자에 의한 임의의 점 P의 전계의 크기는 전기 쌍극자의 중심으로 축방향과 점 P를 잇는 선분 사이의 각 θ가 어느 때 최대가 되는가?

① 0   ② $\dfrac{1}{\dfrac{\pi}{2}}$ ③ $\dfrac{\pi}{3}$ ④ $\dfrac{\pi}{4}$

【해설】

전기 쌍극자의 전계의 세기 $E = \dfrac{M}{4\pi\epsilon_0 r^3}\sqrt{1+3\cos^2\theta}\,[V/m]$

$\cos 0° = 1$ 에서 최대 전계의 세기
$\cos 90° = 0$ 에서 최소 전계의 세기

[답] ①

08 포아손(Poisson)과 라플라스(Laplace)의 방정식

1) $\nabla^2 V = -\dfrac{\rho}{\epsilon_0}$: 포아손의 방정식

   포아손의 방정식은 전계의 발산식에서 유도한다.
   $$div E = \dfrac{\rho}{\epsilon_0}$$
   $$div E = \nabla \cdot E = \nabla(-\nabla V) = -\nabla^2 V = \dfrac{\rho}{\epsilon_0}$$
   $$\therefore \nabla^2 V = -\dfrac{\rho}{\epsilon_0}$$
   여기서, 전계의 세기는 전위 경도에서 구한다.
   $$E = -grad\, V = -\nabla V [\text{V/m}]$$
   체적전하 밀도 $\rho = \epsilon_0(-\nabla^2 V)\,[\text{C/m}^3]$

   직각 좌표계 : $\nabla^2 V = \dfrac{\partial^2 V}{\partial x^2} + \dfrac{\partial^2 V}{\partial y^2} + \dfrac{\partial^2 V}{\partial z^2}$

2) 전하가 없는 공간, ρ = 0 이면 포아손의 방정식은 $\nabla^2 V = 0$ 이 된다.
   이것이 라플라스의 방정식이다.

예제 8

전위함수 $V = 5x^2y + z\,[\text{V}]$일 때 점(2, -2, 2)에서 체적전하밀도 $\rho[\text{C/m}^3]$의 값은?
(단, ϵ_0는 자유공간의 유전율이다.)

① $5\epsilon_0$ ② $10\epsilon_0$ ③ $20\epsilon_0$ ④ $25\epsilon_0$

【해설】
$V = 5x^2y + z[\text{V}]$, 점$(2, -2, 2)$
포아손의 방정식을 이용한다.
$$\nabla^2 V = -\dfrac{\rho}{\epsilon_0}$$
$$\rho = -\epsilon_0 \nabla^2 V = -\epsilon_0 \left(\dfrac{\partial^2 V}{\partial x^2} + \dfrac{\partial^2 V}{\partial y^2} + \dfrac{\partial^2 V}{\partial z^2}\right)$$
$$= -\epsilon_0(5y \times 2) = -10\epsilon_0 y[\text{C/m}^3]$$
여기에 y값 -2 대입하면 $\rho = 20\epsilon_0[\text{C/m}^3]$

[답] ③

Chapter 02. 진공 중의 정전계

적중실전문제

★★★★★

1. MKS 합리화 단위계에서 진공의 유전율의 값은?

① $\dfrac{1}{9 \times 10^9}$ [F/m] ② 1 [F/m]

③ $\dfrac{1}{4\pi \times 9 \times 10^9}$ [F/m] ④ 9×10^9 [F/m]

해설 1

$\dfrac{1}{4\pi\epsilon_0} = 9 \times 10^9 \rightarrow \epsilon_0 = \dfrac{1}{4\pi \times 9 \times 10^9}$ [F/m] : 진공의 유전율

[답] ③

★★★★★

2. 쿨롱의 법칙에 관한 설명으로 잘못 기술된 것은?

① 힘의 크기는 두 전하의 곱에 비례한다.
② 작용하는 힘의 방향은 두 전하를 연결하는 직선과 일치한다.
③ 힘의 크기는 두 전하 사이의 거리에 반비례한다.
④ 작용하는 힘은 두 전하가 존재하는 매질에 따라 다르다.

해설 2

-쿨롱의 법칙-
1) 전기력은 두 전하의 곱에 비례한다.
2) 전기력은 두 전하 사이의 거리의 제곱에 반비례한다.
3) 두 전하의 부호가 같으면 반발력, 두 전하의 부호가 다르면 흡인력이 작용한다.
4) 전기력은 두 전하 사이의 매질에 따라 다르다.
5) 전기력의 방향은 두 전하를 연결하는 직선상에 있다.

[답] ③

★★☆☆☆

3. 점전하 Q_1, Q_2 사이에 작용하는 쿨롱의 힘이 F일 때 이 부근에 점전하 Q_3를 놓을 경우 Q_1, Q_2 사이의 쿨롱의 힘을 F'라고 하면?

① F > F' ② F < F'
③ F = F' ④ Q_3의 크기에 따라 다르다.

해설 3

$F = F' = 9 \times 10^9 \dfrac{Q_1 Q_2}{r^2}$ [N] : 두 전하 사이의 힘은 항상 일정하다.

[답] ③

4. 크기가 $2 \times 10^{-6}[C]$인 두 개의 같은 점전하가 진공 중에 떨어져 $4 \times 10^{-3}[N]$의 힘이 작용할 때, 이들 사이의 거리[m]는?

① 6   ② 5   ③ 4   ④ 3

해설 4

$$F = 9 \times 10^9 \times \frac{(2 \times 10^{-6})^2}{r^2} = 4 \times 10^{-3}[N] \qquad \therefore r = 3[m]$$

[답] ④

5. 정전계에서 도체의 성질을 설명한 것 중 옳지 않은 것은?
① 전하는 도체의 표면에서만 존재한다.
② 대전된 도체는 등전위면이다.
③ 도체 내부의 전계는 0이다.
④ 도체 표면상에서 전계의 방향은 모든 점에서 표면의 접선 방향이다.

해설 5

도체 표면상에서 전계의 방향은 표면과 법선 방향이다.

[답] ④

6. 정전 유도에 의해서 고립도체에 유도되는 전하는?
① 정, 부 동량이며 도체는 등전위이다.
② 정, 부 동량이며 도체는 등전위가 아니다.
③ 정전하 뿐이며 도체는 등전위이다.
④ 부전하 뿐이며 도체는 등전위이다.

해설 6

고립도체는 절연된 도체이다. 따라서 정(+), 부(-)동량의 전하가 유도된다. 접지 도체는 한 가지만 유도되며 0전위이다.

[답] ①

★★★★★
7. 정전계의 설명에 가장 적합한 것은?
   ① 전계 에너지가 최대로 되는 전하분포의 전계이다.
   ② 전계 에너지와 무관한 전하분포의 전계이다.
   ③ 전계 에너지가 최소로 되는 전하분포의 전계이다.
   ④ 전계 에너지가 일정하게 유지되는 전하분포의 전계이다.

   해설 7
   전하분포는 전계 에너지가 최소로 되어 가장 안정적인 상태로 된다.

   [답] ③

★★★★★
8. 진공 중에 놓인 1[μC]의 점전하에서 3[m]되는 점의 전계의 세기[V/m]는?
   ① 10^{-3}　　② 10^{-1}　　③ 10^{2}　　④ 10^{3}

   해설 8
   $E = 9 \times 10^9 \times \dfrac{1 \times 10^{-6}}{3^2} = 10^3 [\text{V/m}]$

   [답] ④

★★★★★
9. 전기력선의 기본 성질에 관한 설명으로 옳지 않은 것은?
   ① 전기력선의 방향은 그 점의 전계의 방향과 일치한다.
   ② 전기력선은 전위가 높은 점에서 낮은 점으로 향한다.
   ③ 전기력선은 그 자신만으로 폐곡선이 된다.
   ④ 전계가 0이 아닌 곳에서 전기력선은 도체 표면과 수직으로 만난다.

   해설 9
   전기력선끼리는 반발한다. 따라서 폐곡선이 될 수 없다.

   [답] ③

10. 단위구면을 통해 나오는 전기력선의 수는? (단, 구 내부의 전하량은 $Q[C]$이다.)
① 1개　　　② 4π개　　　③ ε_0개　　　④ Q/ε_0개

해설 10
폐곡면 내부의 전하를 ϵ_0로 나눈 값이다.

[답] ④

11. 도체에 정(+)의 전하를 주었을 때 다음 중 옳지 않은 것은?
① 도체 표면에서 수직으로 전기력선이 발산한다.
② 도체 내에 있는 공동면에도 전하가 분포한다.
③ 도체 외측 측면에만 전하가 분포한다.
④ 도체 표면의 곡률 반지름이 작은 곳에 전하가 많이 모인다.

해설 11
도체 표면에만 전하 분포가 된다. 내부 전하 분포는 없으며, 전하는 공동면에 없다.

[답] ②

12. 대전 도체 표면의 전하 밀도는 도체 표면의 모양에 따라 어떻게 되는가?
① 곡률이 크면 작아진다.
② 곡률이 크면 커진다.
③ 평면일 때 가장 크다.
④ 표면 모양에 무관하다.

해설 12
곡률이 크면 뾰족하다. 이 곳에 전하 분포 밀도가 높다.
여기에 전하밀도가 많고, 전계의 세기가 크다.

[답] ②

13. 진공 중에 전하량 3×10^{-6}[C]인 두 개의 대전체가 서로 떨어져 있고, 상호 간에 작용하는 힘이 9×10^{-3}[N]일 때 이들 사이의 거리는 몇 [m]인가?

① 2　　　　② 3　　　　③ 4　　　　④ 5

해설 13

① $F = \dfrac{1}{4\pi\epsilon_0} \dfrac{Q_1 Q_2}{r^2} = 9 \times 10^9 \times \dfrac{Q^2}{r^2}$ [N]

② $9 \times 10^{-3} = 9 \times 10^9 \times \dfrac{Q^2}{r^2}$

∴ $r = \sqrt{\dfrac{9 \times 10^9}{9 \times 10^{-3}}} \times 3 \times 10^{-6} = 3 \times 10^{-6} \times 10^6 = 3$ [m]

[답] ②

14. 전계의 세기가 1500[V/m]의 전장에서 5[μC]의 전하를 놓으면 얼마의 힘 [N]이 작용하는가?

① 4.5×10^{-3}　　　　② 5.5×10^{-3}
③ 6.5×10^{-3}　　　　④ 7.5×10^{-3}

해설 14

$F = QE = 5 \times 10^{-6} \times 1500 = 7.5 \times 10^{-3}$ [N]

[답] ④

15. 원점에 전하 10^{-8}[C]이 있을 때 점 A(1, 2, 2)[m]의 전계의 세기는 몇 [V/m]인가?

① 0.1　　　　② 1　　　　③ 10　　　　④ 100

해설 15

① 거리벡터 $\vec{r} = i + 2j + 2k\,[\text{m}]$

크기 : $r = \sqrt{1^2 + 2^2 + 2^2} = \sqrt{9} = 3\,[\text{m}]$

② $E = 9 \times 10^9 \dfrac{Q}{r^2}\,[\text{V/m}]$

$= \dfrac{9 \times 10^9 \times 10^{-8}}{3^2} = 10\,[\text{V/m}]$

③ 벡터 전계의 세기

$\vec{E} = E \cdot \dfrac{\vec{r}}{r} = 10\left(\dfrac{i + 2j + 2k}{3}\right) = \dfrac{10}{3}i + \dfrac{20}{3}j + \dfrac{20}{3}k\,[\text{V/m}]$

④ y방향의 전계의 세기 $E_y = \dfrac{20}{3}\,[\text{V/m}]$

[답] ③

16. 전기력선 밀도를 이용하여 주로 대칭 정전계의 세기를 구하기 위하여 이용되는 법칙은?
① 패러데이의 법칙
② 가우스의 법칙
③ 쿨롱의 법칙
④ 톰슨의 법칙

해설 16

가우스의 법칙은 전기력선 수를 통과하는 면적으로 나누어 대칭적인 전계의 세기를 구하는 방법이다.

[답] ②

17. 진공 중 무한장 직선상 전하에서 2[m] 떨어진 곳의 전계의 세기가 $9 \times 10^6\,[\text{V/m}]$이다. 선전하 밀도[C/m]는?
① 10^{-3}
② 2×10^{-3}
③ 4×10^{-3}
④ 6×10^{-3}

해설 17

$E = 9 \times 10^6 = 18 \times 10^9 \times \lambda/2\,[\text{V/m}], \quad \therefore \lambda = 10^{-3}\,[\text{C/m}]$

[답] ①

18. 표면 전하 밀도 $\sigma [C/m^2]$로 대전된 도체 내부의 전속 밀도는 몇 $[C/m^2]$인가?

① σ
② $\epsilon_0 E$
③ ϵ_0
④ 0

해설 18
대전 도체는 전하가 도체 표면에만 분포된다.
전하와 전속은 같다. 전속밀도는 표면에만 있다.
도체 내부의 전속은 없다.

[답] ④

19. 간격이 2[mm], 단면적이 100[cm²]인 평행판 전극에 500[V]의 직류 전압을 공급할 때 전극 사이의 전계의 세기[V/m]는?

① 2.5×10^5
② 5×10^5
③ 2.5×10^7
④ 5×10^7

해설 19
전계의 세기 $E = \dfrac{V}{d} = \dfrac{500}{2 \times 10^{-3}} = 2.5 \times 10^5 [V/m]$

[답] ①

20. 중공 도체의 중공부 내에 전하를 놓지 않으면 외부에서 준 전하는 외부 표면에만 분포한다. 도체 내의 전계는 몇 [V/m]인가?

① 0
② $\dfrac{Q_1}{4\pi\epsilon_0 a}$
③ $\dfrac{Q_1}{4\pi\epsilon_0 b}$
④ $\dfrac{\epsilon_0}{Q_1}$

해설 20
전하가 외부 표면에만 분포하므로 도체 내부 및 내부 중공부에 전하가 없으며, 전하가 없는 내부는 전계도 없다.

[답] ①

★★★★★

21. 진공 내의 점(3, 0, 0)[m]에 4×10^{-9}[C]의 전하가 있다. 이때에 점(6, 4, 0)[m]인 전계의 세기[V/m] 및 전계의 방향을 표시하는 단위 벡터는?

① $\dfrac{36}{25}, \dfrac{1}{5}(3i+4j)$ ② $\dfrac{36}{125}, \dfrac{1}{5}(3i+4j)$

③ $\dfrac{36}{25}, (i+j)$ ④ $\dfrac{36}{125}, \dfrac{1}{5}(i+j)$

> **해설 21**
>
> 점(3, 0, 0)과 점(6, 4, 0)의 거리 벡터 $r = (6-3)i + 4j = 3i + 4j$ [m]
>
> (1) $E = 9 \times 10^9 \times \dfrac{4 \times 10^{-9}}{(\sqrt{3^2+4^2})^2} = \dfrac{36}{25}$ [V/m]
>
> (2) 전계 방향을 표시하는 단위 벡터 $\dfrac{\hat{r}}{r} = \dfrac{3i+4j}{5}$
>
> [답] ①

★★★

22. 진공 내에서 전위 함수가 $V = x^2 + y^2$과 같이 주어질 때 점 (2, 2, 0)[m]에서 체적전하밀도 ρ[C/m²]는? (단, ϵ_0는 자유공간의 유전율이다.)

① $-4\epsilon_0$ ② $-2\epsilon_0$ ③ $4\epsilon_0$ ④ $2\epsilon_0$

> **해설 22**
>
> 포아송의 방정식을 적용한다.
>
> $\nabla^2 V = -\dfrac{\rho}{\epsilon_0}, \quad V = x^2 + y^2$ [V]
>
> $\rho = -\epsilon_0 \nabla^2 V = -\epsilon_0 (\dfrac{\partial^2 V}{\partial x^2} + \dfrac{\partial^2 V}{\partial y^2} + \dfrac{\partial^2 V}{\partial z^2})$ [C/m³]
>
> $ = -\epsilon_0 (2+2)$
>
> $ = -4\epsilon_0$ [C/m³]
>
> [답] ①

23. 진공 중에 있는 임의의 구도체 표면의 전하 밀도가 σ일 때의 구도체 표면의 전계의 세기[V/m]는?

① $\dfrac{\varepsilon_0 \sigma^2}{2}$ ② $\dfrac{\sigma}{2\varepsilon_0}$ ③ $\dfrac{\sigma^2}{\varepsilon_0}$ ④ $\dfrac{\sigma}{\varepsilon_0}$

해설 23

전계의 세기는 전기력선의 밀도이다.
전하밀도를 진공의 유전율로 나누면 단위 면적의 전기력선 수가 된다.
$\dfrac{\sigma}{\epsilon_0}$[V/m]

[답] ④

24. 무한 평면 전하에 의한 전계의 세기는?

① 거리에 관계없다. ② 거리에 비례한다.
③ 거리의 제곱에 비례한다. ④ 거리에 반비례한다.

해설 24

$E = \dfrac{\sigma}{\epsilon_0}$[V/m] 이므로 거리와 관계없다.

[답] ①

25. 정전계 E 내에서 점 B에 대한 점 A의 전위를 결정하는 식은?

① $-\displaystyle\int_B^A E\,dl$ ② $-\displaystyle\int_A^B E\,dl$

③ $-\displaystyle\int_\infty^A E\,dl$ ④ $-\displaystyle\int_\infty^B E\,dl$

해설 25

$V_A - V_B = V_{AB} = -\displaystyle\int_B^A E\,dl$

[답] ①

26. 대전 도체 내부의 전위는?

① 0전위이다. ② 표면전위와 같다.
③ 대지전위와 같다. ④ 공기의 유전율과 같다.

해설 26

도체 내부의 전계는 0이다.
내부는 전계가 없으므로 전위차가 없고 표면과 등전위이다.

[답] ②

27. 한 변의 길이가 a[m]인 정육각형 A B C D E F의 각 정점에서 Q[C]의 전하를 놓을 때 정육각형의 중심 O에 있어서의 전계의 세기[V/m]는?

① 0 ② $\dfrac{3Q}{2\pi\varepsilon_0 a^2}$ ③ $\dfrac{2Q}{2\pi\varepsilon_0 a^2}$ ④ $\dfrac{Q}{4\pi\varepsilon_0 a^2}$

해설 27

전계의 세기는 크기와 방향이 있는 벡터이다.
대각선으로 마주보는 두 정점의 전하 $Q[C]$이 중심점에 만드는 전계의 세기는 크기는 같고 방향이 반대이므로 합은 0이다.

[답] ①

28. 한 변의 길이가 a[m]인 정육각형 A B C D E F의 각 정점에 각각 Q[C]의 전하를 놓을 때 정육각형 중심 O점의 전위[V]는?

① $\dfrac{3Q}{2\pi\epsilon_0 a}$ ② $\dfrac{Q}{4\pi\epsilon_0 a}$ ③ $\dfrac{3Q}{2\pi\epsilon_0 a^2}$ ④ $\dfrac{2Q}{\pi\epsilon_0 a}$

해설 28

전위는 1[C]이 갖는 위치에너지이므로 스칼라이다.
한 정점의 전하에 의한 전위를 구하여 6배 한다.
$V = \dfrac{Q}{4\pi\epsilon_0 a} \times 6 = \dfrac{3Q}{2\pi\epsilon_0 a}$ [V]

[답] ①

29. 선전하 밀도 $\lambda[C/m]$인 무한장 직선 전하로부터 각각 $r_1[m]$, $r_2[m]$ 떨어진 두 점 사이의 전위차 $[V]$는? (단, $r_1 > r_2$ 이다.)

① $\dfrac{\lambda}{2\pi\epsilon_0} ln \dfrac{r_2}{r_1}$ ② $\dfrac{\lambda}{2\pi\varepsilon_0} ln \dfrac{r_1}{r_2}$

③ $\dfrac{1}{2\pi\epsilon_0} ln \dfrac{\lambda}{r_2}$ ④ $\dfrac{\lambda}{2\pi\epsilon_0}(r_2 - r_1)$

해설 29

$$V_{21} = -\int_{r_1}^{r_2} Edr = \int_{r_2}^{r_1} Edr$$
$$= \int_{r_2}^{r_1} \dfrac{\lambda}{2\pi\epsilon_0 r} dr = \dfrac{\lambda}{2\pi\epsilon_0}[\ln r]_{r_2}^{r_1} = \dfrac{\lambda}{2\pi\epsilon_0}(\ln r_1 - \ln r_2) = \dfrac{\lambda}{2\pi\epsilon_0} \ln \dfrac{r_1}{r_2} [V]$$

[답] ②

30. 공기 중에 $0.1 \times 10^{-6}[C]$의 점전하가 있다. 전하 Q에서 거리 $a = 1[m]$, $b = 2[m]$에 있는 두 점 a, b 사이의 전위차는 몇 $[V]$인가?

① 4.5 ② 45 ③ 450 ④ 4500

해설 30

$V_a = 9 \times 10^9 \dfrac{0.1 \times 10^{-6}}{1} = 900[V]$, $V_b = 9 \times 10^9 \dfrac{0.1 \times 10^{-6}}{2} = 450[V]$
$V_a - V_b = 900 - 450 = 450[V]$

[답] ③

31. $E = 7xi - 7yj$ [V/m]일 때, 점(5, 2)[m]를 통과하는 전기력선의 방정식은?

① $y = 10x$ ② $y = \dfrac{10}{x}$ ③ $y = \dfrac{x}{10}$ ④ $y = 10x^2$

해설 31

① 전기력선의 방정식 : $\dfrac{d_x}{E_x} = \dfrac{d_y}{E_y}$

② $\displaystyle\int \dfrac{d_x}{7x} = \int \dfrac{d_y}{-7y} \rightarrow \int \dfrac{d_x}{x} = -\int \dfrac{d_y}{y} \rightarrow \ln x + \ln C_1 = -\ln y + \ln C_2$

③ $\ln x + \ln y = \ln C_3$
$\ln xy = \ln C_3$
$xy = C_3 = 10$ ∴ $y = \dfrac{10}{x}$, $x = \dfrac{10}{y}$

[답] ②

---

32. 전계 $E = \dfrac{2}{x}i + \dfrac{2}{y}j$ [V/m]에서 점(2, 4)[m]를 통과하는 전기력선의 방정식은?

① $x^2 + y^2 = 12$ ② $y^2 - x^2 = 12$
③ $x^2 + y^2 = 8$ ④ $y^2 - x^2 = 8$

해설 32

① $\dfrac{d_x}{E_x} = \dfrac{d_y}{E_y}$

② $\dfrac{d_x}{\frac{2}{x}} = \dfrac{d_y}{\frac{2}{y}} \rightarrow xd_x = yd_y \rightarrow \displaystyle\int xd_x = \int yd_y$

$\therefore \dfrac{x^2}{2} + C_1 = \dfrac{y^2}{2} + C_2$
$x^2 - y^2 = C_3$

여기서 $x = 2, y = 4$를 대입한다.

③ $x^2 - y^2 = -12$ 또는 $y^2 - x^2 = 12$

[답] ②

33. 전위함수 $V = x^2 + y^2$ [V] 일 때 점 (3, 4)[m]에서의 등전위선의 반지름[m]과 전력선의 방정식은?

① 3, $y = \dfrac{3}{4}x$ ② 4, $y = \dfrac{4}{3}x$

③ 5, $x = \dfrac{4}{3}y$ ④ 5, $x = \dfrac{3}{4}y$

해설 33
원의 방정식 $r^2 = x^2 + y^2$
∴ $r = \sqrt{x^2 + y^2} = \sqrt{3^2 + 4^2} = 5$

[답] ④

34. 30[V/m]인 전계 내의 50[V]점에서 1[C]의 전하를 전계 방향으로 70[cm] 이동한 경우 그 점의 전위[V]는?

① 71 ② 29 ③ 21 ④ 19

해설 34
전계방향은 전위가 낮아지는 방향이다.
50−(30×0.7)=29[V]

[답] ②

35. 30[V/m]의 전계내의 60[V]되는 점에서 1[C]의 전하를 전계 방향으로 70[cm] 이동한 경우, 그 점의 전위는 몇 [V]인가?

① 9 ② 21 ③ 39 ④ 51

해설 35
전계방향은 전위가 낮아지는 방향이다.
$V = V_p - Er$ [V]
$= 60 - 30 \times 0.7 = 39$ [V]

[답] ③

36. 대전 도체 표면의 전계의 세기는?

① 곡률 반지름이 크면 커진다.
② 곡률 반지름이 작으면 커진다.
③ 평면일 때 가장 크다.
④ 표면 모양에 무관하다.

해설 36
곡률 반지름이 작은 곳은 전하밀도가 많고 전계의 세기도 크다.

[답] ②

37. 전위 6000[V]의 위치에서 10,000[V]의 위치에 전하 2×10^{-10}[C]을 이동시킬 때 필요한 일[J]은?

① 8×10^{-7} ② 16×10^{-7}
③ 2×10^{13} ④ 8×10^{13}

해설 37
$W = QV = 2 \times 10^{-10}(10000 - 6000) = 8 \times 10^{-7}[J]$

[답] ①

38. 정전계의 반대 방향으로 전하를 2[m] 이동시키는데 240[J]의 에너지가 소모되었다. 두 점 사이의 전위차가 60[V]이면 전하[C]은?

① 1   ② 2   ③ 4   ④ 8

해설 38
$W = QV[J], \quad Q = \dfrac{W}{V} = \dfrac{240}{60} = 4[C]$

[답] ③

39. 진공 중에서 $Q[C]$의 전하가 반지름 $a[m]$인 구에 내부까지 균일하게 분포되어있는 경우 구의 중심으로부터 $a/2$인 거리에 있는 점의 전계의 세기는?

① $\dfrac{Q}{16\pi\epsilon_0 a^2}$ [V/m]   ② $\dfrac{Q}{8\pi\epsilon_0 a^2}$ [V/m]

③ $\dfrac{Q}{4\pi\epsilon_0 a^2}$ [V/m]   ④ $\dfrac{Q}{\pi\epsilon_0 a^2}$ [V/m]

해설 39

1) 균일한 전하 분포에서 구내부 전계의 세기

$$E = \dfrac{rQ}{4\pi\epsilon_0 a^3}[V/m]$$

2) $r = \dfrac{a}{2}$ 대입

$$E = \dfrac{Q}{8\pi\epsilon_0 a^2}[V/m]$$

[답] ②

40. 포아송의 방정식으로 옳은 것은?

① $\nabla \cdot E = \dfrac{\rho}{\epsilon_0}$ ② $E = -\nabla V$

③ $\nabla^2 V = -\dfrac{\rho}{\epsilon_0}$ ④ $\nabla^2 V = 0$

해설 40

포아송의 방적식은 $\nabla^2 V = -\dfrac{\rho}{\epsilon_0}$ 이다.

[답] ③

41. 전위의 분포가 $V = 12x + 7y^2$로 주어질 때 점 $(x=5, y=-3)$에서 전계의 세기는?

① -12i + 42j   ② -12i - 42j
③ 12i - 42j   ④ 12i + 42j

해설 41

전위 $V = 12x + 7y^2[\text{V}]$

$$E = -grad\,V = -\nabla V = -\left(\frac{\partial V}{\partial x}i + \frac{\partial V}{\partial y}j + \frac{\partial V}{\partial z}k\right)$$
$$= -12i - 14yj$$

$x = 5$, $y = -3$을 대입한다.

$$E = -12i + 42j[\text{V/m}]$$

[답] ①

★★★

42. 포아송의 방정식 $\nabla^2 V = -\frac{\rho}{\epsilon_0}$은 어떤 식에서 유도한 것인가?

① div D $= \frac{\rho}{\epsilon_0}$

② div D $= -\rho$

③ div E $= \frac{\rho}{\epsilon_0}$

④ div E $= -\frac{\rho}{\epsilon_0}$

해설 42

포아송의 방정식은 전계의 발산식에서 유도한다. 그 과정은 다음과 같다.

$$div\,E = \nabla \cdot E = \nabla(-\nabla V) = -\nabla^2 V = \frac{\rho}{\epsilon_0}$$

$$\therefore \nabla^2 V = -\frac{\rho}{\varepsilon_0}$$

$E = -grad\,V = -\nabla V[\text{V/m}]$

[답] ③

★★★

43. 진공의 전하 분포 공간 내에서 전위가 $V = x^2 + y^2[\text{V}]$로 표시될 때, 전하 밀도는 $[\text{C/m}^3]$인가?

① $-4\epsilon_0$
② $-\frac{4}{\epsilon_0}$
③ $-2\epsilon_0$
④ $-6\epsilon_0$

해설 43

$\nabla^2 V = -\frac{\rho}{\epsilon_0}$, $V = x^2 + y^2[\text{V}]$

$$\rho = -\epsilon_0 \nabla^2 V = -\epsilon_0\left(\frac{\partial^2 V}{\partial x^2} + \frac{\partial^2 V}{\partial y^2} + \frac{\partial^2 V}{\partial z^2}\right)$$
$$= -\epsilon_0(2+2) = -4\epsilon_0[\text{C/m}^3]$$

[답] ①

44. 전위가 V = xy²z로 표시될 때, 이 원천인 전하 밀도 ρ를 구하면?

① 0
② $-2xy^2z$
③ $-2xz\varepsilon_0$
④ $-\dfrac{2xy^2}{\epsilon_0}$

해설 44

$\rho = -\epsilon_0 \left(\dfrac{\partial^2 V}{\partial x^2} + \dfrac{\partial^2 V}{\partial y^2} + \dfrac{\partial^2 V}{\partial z^2} \right) = -2xz\epsilon_0 \, [\text{C/m}^3]$

[답] ③

---

45. 대전도체의 성질 중 옳지 않은 것은?

① 도체 표면의 전하 밀도를 $\sigma[\text{C/m}^2]$이라 하면 표면상의 전계는 $E = \dfrac{\sigma}{\varepsilon_o}[\text{V/m}]$이다.
② 도체 표면상의 전계는 면에 대해서 수평이다.
③ 도체 내부의 전계는 0이다.
④ 도체는 등전위이고, 그의 표면은 등전위면이다.

해설 45

도체 표면의 전계는 표면과 수직이다.

[답] ②

---

46. 원점에 전하 0.01[μC]이 있을 때 두 점 A(0, 2, 0)[m]와 B(0, 0, 3)[m] 간의 전위차는 V_{AB}는 몇 [V]인가?

① 10 ② 15 ③ 18 ④ 20

해설 46

$V_{AB} = \dfrac{Q}{4\pi\varepsilon_0}\left(\dfrac{1}{r_1} - \dfrac{1}{r_2}\right) = 9 \times 10^9 \times 0.01 \times 10^{-6}\left(\dfrac{1}{2} - \dfrac{1}{3}\right) = 90\left(\dfrac{3-2}{6}\right) = 15[\text{V}]$

[답] ②

47. 전위의 분포가 $V = 12x + 7y^2$로 주어질 때 점$(x=5,\ y=3)$에서의 전계의 세기는?

① $-i12 + j42$
② $-i12 - j42$
③ $i12 - j42$
④ $i12 + j42$

해설 47

$V = 12x + 7y^2$, 점$(x=5,\ y=3)$

$$E = -\nabla V = -\left(\frac{\partial V}{\partial x}i + \frac{\partial V}{\partial y}j + \frac{\partial V}{\partial z}k\right)$$
$$= -(12i + 14yj)$$
$$= -12i - 42j\,[\text{V/m}]$$

[답] ②

MEMO

Chapter 03

진공 중의 도체계와 정전용량

01. 전위계수, 용량계수, 유도계수

02. 정전 용량(Capacitance)

03. 정전 용량의 합성

04. 정전 에너지, 에너지 밀도

05. 도체계의 정전력

- 적중실전문제

Chapter 03 진공 중의 도체계와 정전용량

01 전위계수, 용량계수, 유도계수

1) 전위계수

2개의 도체가 있을 때 제 1, 제 2도체에 Q_1, Q_2의 전하를 줄 때 두 도체의 전위 V_1, V_2는 중첩의 원리에 의하여 다음과 같이 구한다.

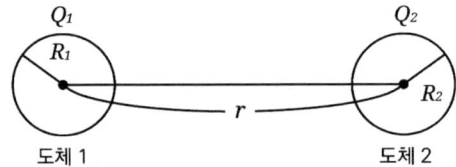

〈두 도체의 중첩의 원리〉

$$V_1 = p_{11} Q_1 + p_{12} Q_2 [\text{V}]$$
$$V_2 = p_{21} Q_1 + p_{22} Q_2 [\text{V}]$$

p_{11}, $p_{12}[1/\text{F}]$을 전위 계수라 한다.
$p_{11} > 0$, $p_{12} = p_{21}$, $p_{12}, p_{21} > 0$ 의 관계가 있다.

2) 용량 계수, 유도 계수

전위계수로 전위를 구하는 식을 역으로 전하 Q_1, Q_2를 구한다.

$$Q_1 = q_{11} V_1 + q_{12} V_2 [\text{V}]$$
$$Q_2 = q_{21} V_1 + q_{22} V_2 [\text{V}]$$

위 식에서 아래 첨자가 같은 q_{11}, $q_{22}[\text{F}]$을 용량 계수라 한다.
q_{11}, $q_{22} > 0$, 즉 q_{11}, q_{22}는 $+$값이다.

아래 첨자가 다른 q_{12}, $q_{21}[\text{F}]$은 유도 계수이다.
q_{12}, $q_{21} \leq 0$ 즉, q_{12}, q_{21}는 $-$값 또는 0 이다.

02 정전 용량(Capacitance)

1) 정전 용량

정전용량은 전하와 전위사이의 비례상수이다.

문자기호는 C, 단위는 [F]패럿이다.

보조 단위 $1[\mu F] = 10^{-6}[F]$
$1[nF] = 10^{-9}[F]$
$1[pF] = 10^{-12}[F]$

$$Q = CV[C]$$
$$C = \frac{Q}{V}[F]$$

여기서, Q는 전하이고 V는 전위차이며 C는 정전용량이다.

축전기는 콘덴서 또는 커패시터(condenser or capacitor)라 하며 전하를 저장하는 장치이다.

예제 1

모든 전기장치를 접지시키는 근본적인 이유는?
① 지구의 용량이 커서 전위가 거의 일정하기 때문이다.
② 편의상 지면을 영전위로 보기 때문이다.
③ 영상전하를 이용하기 때문이다.
④ 지표면은 전류를 관통하기 때문이다.

【해설】

$V = \frac{Q}{C}[\frac{C}{F} = V]$

지구의 전하는 0이므로 전위도 0이다.
또한 지구의 용량이 커서 전위가 거의 일정하기 때문이다.

[답] ①

2) 정전용량의 계산

정전용량은 도체의 크기, 상호 위치, 매질에 따라 정해지는 기하학적인 양이다.

(1) 두 평행 도체판

면적 $S[\mathrm{m}^2]$, 간격 $d[\mathrm{m}]$인 평행 도체판의 정전용량은 다음과 같다.

$$C = \frac{\varepsilon_0 S}{d} [\mathrm{F}]$$

정전용량 계산과정은 다음과 같다.
도체판의 전하 $Q[\mathrm{C}]$, 도체판사이 전계의 세기 $E[\mathrm{V/m}]$

$$V = -\int_d^0 E\,dr = \int_0^d E\,dr = E[r]_0^d = Ed\,[\mathrm{V}]$$

전속밀도 D와 전계의 세기 E의 관계

$$D = \varepsilon_0 E \;\rightarrow\; E = \frac{D}{\varepsilon_0},\quad D = \frac{Q}{S}\,[\mathrm{C/m^2}]$$

$$V = Ed = \frac{Qd}{\varepsilon_0 S}\,[\mathrm{V}]$$

$$C = \frac{Q}{V} = \frac{\varepsilon_0 S}{d}\,[\mathrm{F}]$$

(2) 독립 구도체

반지름 $a[m]$인 구 도체의 정전용량은 다음과 같다.

$$C = 4\pi\varepsilon_0 a\,[\mathrm{F}]$$

정전용량 계산과정은 다음과 같다.

$$V = -\int_\infty^a \frac{Q}{4\pi\varepsilon_0 r^2}\,dr = \int_a^\infty \frac{Q}{4\pi\varepsilon_0 r^2}\,dr = \frac{Q}{4\pi\varepsilon_0}\left[-\frac{1}{r}\right]_a^\infty$$

$$V = \frac{Q}{4\pi\varepsilon_0 a}\,[\mathrm{V}]$$

$$C = \frac{Q}{V} = 4\pi\varepsilon_0 a = \frac{a}{9\times 10^9}\,[\mathrm{F}]$$

(3) 동심 구도체

내도체 반지름 $a[\mathrm{m}]$, 외도체 안반지름 $b[\mathrm{m}]$, 바깥 반지름 $c[\mathrm{m}]$인 동심 구 도체의 정전용량은 다음과 같다.

$$C = \frac{4\pi\varepsilon_0}{\dfrac{1}{a}-\dfrac{1}{b}} = \frac{4\pi\varepsilon_0 ab}{b-a}\,[\mathrm{F}]$$

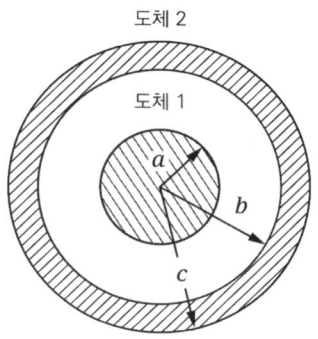

〈2개의 동심 구 도체〉

① 내구 절연, 외구 접지시 정전용량 계산과정은 다음과 같다.

$$V = V_a - V_b = -\int_b^a \frac{Q}{4\pi\varepsilon_0 r^2}\,dr = \int_a^b \frac{Q}{4\pi\varepsilon_0 r^2}\,dr = \frac{Q}{4\pi\varepsilon_0}\left[-\frac{1}{r}\right]_a^b$$

$$= \frac{Q}{4\pi\varepsilon_0}\left(\frac{1}{a}-\frac{1}{b}\right)[\mathrm{V}]$$

$$C = \frac{Q}{V} = \frac{4\pi\varepsilon_0}{\dfrac{1}{a}-\dfrac{1}{b}} = \frac{4\pi\varepsilon_0 ab}{b-a} = \frac{ab}{9\times 10^9 (b-a)}\,[\mathrm{F}]$$

② 외구 절연, 내구 접지 때

$$C = 4\pi\epsilon_0 \frac{ab}{b-a} + 4\pi\epsilon_0 b = 4\pi\epsilon_0 \frac{b^2}{b-a}\,[\mathrm{F}]$$

(4) 동축 원통도체(고압 cable)

안반지름 $a[\mathrm{m}]$, 바깥 반지름 $b[\mathrm{m}]$, 길이 $l[\mathrm{m}]$인 동축 원통도체의 정전용량은 다음 식으로 계산한다.

$$C = \frac{2\pi\varepsilon_0 l}{\ell n \dfrac{b}{a}}\,[\mathrm{F}], \quad C = \frac{2\pi\varepsilon_0}{\ell n \dfrac{b}{a}}\,[\mathrm{F/m}]$$

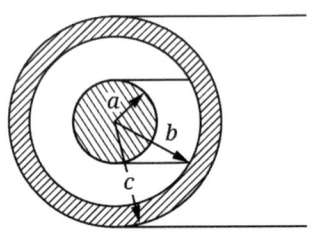

〈동축 원통도체〉

정전용량 계산과정은 다음과 같다.

$$V = -\int_b^a E\,dr = \int_a^b E\,dr = \int_a^b \frac{\rho_L}{2\pi\varepsilon_0 r}\,dr$$

$$= \frac{\rho_L}{2\pi\varepsilon_0}[\ell n\, r]_a^b = \frac{\rho_L}{2\pi\varepsilon_0}\ell n\frac{b}{a}\,[\text{V}]$$

$$C = \frac{\rho_L}{V} = \frac{2\pi\varepsilon_0}{\ell n\frac{b}{a}} = \frac{1}{18\times 10^9 \ell n\frac{b}{a}}\,[\text{F/m}]$$

(5) 두 평행 도선

반지름 a[m], 중심축사이 간격 d[m], 길이 ℓ[m]인 두 평행 도선의 정전 용량은 다음과 같다.

$$C = \frac{\pi\epsilon_0\ell}{\ln\frac{d-a}{a}}\,[\text{F}], \quad \text{여기서} \ d \gg a \ \text{이면} \quad C = \frac{\pi\epsilon_0\ell}{\ln\frac{d}{a}}\,[\text{F}]\text{이다.}$$

1[m]당 정전용량은 $C = \dfrac{\pi\varepsilon_0}{\ell n\dfrac{d}{a}}\,[\text{F/m}]$이다.

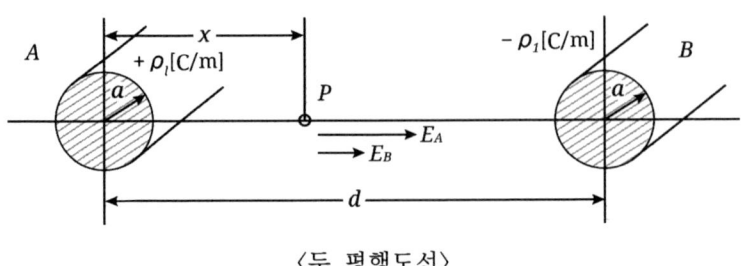

〈두 평행도선〉

① 정전용량 계산과정은 다음과 같다.

$$V = -\int_{d-a}^{a} E\,dr = \int_{a}^{d-a} E\,dr = \int_{a}^{d-a}\left(\frac{1}{x} + \frac{1}{d-x}\right)dx$$

$$= \frac{\rho_L}{2\pi\varepsilon_0}[(\ell nx - \ell n(d-x)]_{a}^{d-a}$$

$$= \frac{\rho_L}{2\pi\varepsilon_0}\,2\ell n\frac{d-a}{a} = \frac{\rho_L}{\pi\varepsilon_0}\ell n\frac{d-a}{a}\,[\text{V}]$$

$$C = \frac{Q}{V} = \frac{\rho_L \ell}{V} = \frac{\pi\varepsilon_0 \ell}{\ell n\dfrac{d-a}{a}}\,[\text{F}],\ d \gg a\ \text{인 경우}\ \ C = \frac{\pi\varepsilon_0 \ell}{\ell n\dfrac{d}{a}}\,[\text{F}]\text{이다.}$$

(6) 전선과 대지사이 정전용량

반지름 $a[\text{m}]$인 도선이 대지에서 높이 $h[\text{m}]$에 그 중심축이 있는 경우 정전용량은 다음과 같다.

$$C = \frac{2\pi\varepsilon_0}{\ln\dfrac{2h}{a}}\,[\text{F/m}]$$

정전용량 계산과정은 다음과 같다.

$$E = \frac{\rho_L}{2\pi\varepsilon_0}\left(\frac{1}{x} + \frac{1}{2h-x}\right)[\text{V/m}]$$

$$V = -\int_{h}^{a} E\,dx = \frac{\rho_L}{2\pi\varepsilon_0}\int_{a}^{h}\left(\frac{1}{x} + \frac{1}{2h-x}\right)dx$$

$$= \frac{\rho_L}{2\pi\varepsilon_0}[\ln x - \ln(2h-x)]_{a}^{h} = \frac{\rho_L}{2\pi\varepsilon_0}\ln\left(\frac{2h-a}{a}\right)[\text{V}]$$

$$V \fallingdotseq \frac{\rho_L}{2\pi\varepsilon_0}\ln\frac{2h}{a}\,[\text{V}],\ \text{송전선에서 } 2h \gg a \text{ 이므로 } 2h-a \fallingdotseq 2h$$

$$C = \frac{\rho_L \ell}{V} = \frac{2\pi\varepsilon_0 \ell}{\ln\dfrac{2h}{a}}\,[\text{F}]$$

예제 2

정전용량 C_0인 동심구형 콘덴서의 내구 및 외구의 반지름은 모두 2배로 해줄 때 콘덴서의 정전용량 C는?

① $C = C_0$ ② $C = 2C_0$ ③ $C = \dfrac{C_0}{2}$ ④ $C = 4C_0$

【해설】

동심구 : a < b

$C_0 = \dfrac{4\pi\epsilon_0 ab}{b-a}[\text{F}]$

a와 b를 각각 2배로 하면 : $C = \dfrac{4\pi\epsilon_0 (2a)(2b)}{2(b-a)} = 2C_0$

정전용량은 2배로 된다.

[답] ②

03 정전 용량의 합성

1) 직렬접속 회로에서 합성

$$C = \dfrac{1}{\dfrac{1}{c_1} + \dfrac{1}{c_2} + \cdots + \dfrac{1}{c_n}}[\text{F}]$$

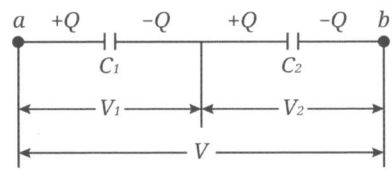

〈정전용량의 직렬회로〉

역수의 합의 역수로 계산한다.

예를 들어 정전용량 C_1, C_2 두 개의 직렬접속 회로에서 합성은 두 개의 합으로 두 개의 곱을 나눈다.

$$C = \dfrac{1}{\dfrac{1}{C_1} + \dfrac{1}{C_2}} = \dfrac{C_1 C_2}{C_1 + C_2}[\text{F}]$$

C_1, C_2, C_3 3개의 직렬접속 회로 합성은 다음과 같이 계산한다.

$$C = \frac{1}{\frac{1}{C_1}+\frac{1}{C_2}+\frac{1}{C_3}} = \frac{C_1\,C_2\,C_3}{C_1C_2+C_1C_3+C_2C_3}\,[F]$$

직렬 접속회로에서 전압의 분배식은 다음과 같다.

① $V_1 = \dfrac{C_2}{C_1+C_2}\,V$ ② $V_2 = \dfrac{C_1}{C_1+C_2}\,V$

2) 병렬 접속회로에서 합성

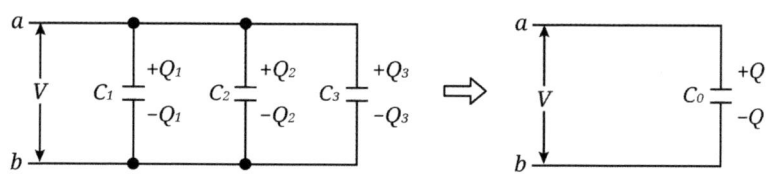

〈콘덴서의 병렬접속〉

$C_0 = C_1 + C_2 + \cdots C_n[F]$
각 정전 용량의 합으로 계산한다.

예제 3

30[F] 콘덴서 3개를 직렬로 연결하면 합성 정전 용량[F]는?
① 10   ② 30   ③ 40   ④ 90

【해설】
정전용량의 직렬 합성은 역수의 합의 역수
$C_0 = \dfrac{1}{\frac{1}{C}+\frac{1}{C}+\cdots} = \dfrac{C}{N} = \dfrac{30}{3} = 10[F]$, 여기서 N은 직렬 개수

[답] ①

04 정전 에너지, 에너지 밀도

1) 정전 에너지

$$Q = CV [\text{C}]$$

(1) 전하 Q가 주어지는 경우

$$W = \frac{Q^2}{2C} [\text{J}]$$

(2) 전위 V가 주어지는 경우

$$W = \frac{1}{2}CV^2 [\text{J}]$$

(3) 전하 Q와, 전위 V가 주어지는 경우

$$W = \frac{1}{2}QV [\text{J}]$$

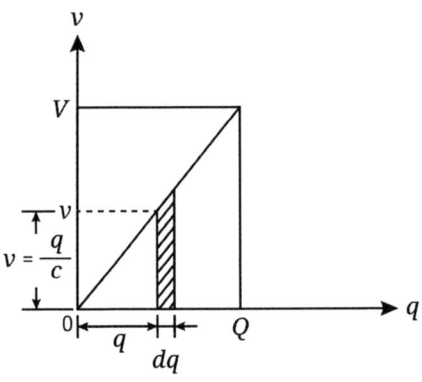

〈콘덴서의 에너지〉

위 그림과 같이 정전에너지를 계산하면 다음과 같다.

$$W = \int_0^Q dw = \int_0^Q v dq = \int_0^Q \frac{1}{C} q dq$$

$$= \frac{Q^2}{2C} [\text{J}]$$

2) 정전에너지 밀도

전속 밀도 $D = \epsilon_0 E [\text{C}/\text{m}^2]$

$$W = \frac{1}{2}\epsilon_0 E^2 = \frac{1}{2}ED = \frac{D^2}{2\epsilon_0} [\text{J}/\text{m}^3]$$

> **예제 4**
>
> $3[\mu F]$의 콘덴서에 $9 \times 10^{-4}[C]$의 전하를 저축할 때의 정전 에너지[J]는?
> ① 0.135 ② 1.35
> ③ 1.22×10^{-12} ④ 1.35×10^{-7}
> 【해설】
> $W = \dfrac{Q^2}{2C} = \dfrac{81 \times 10^{-8}}{2 \times 3 \times 10^{-6}} = 13.5 \times 10^{-2} = 0.135[J]$
>
> [답] ①

05 도체계의 정전력

1) 도체계의 전하가 일정한 조건에서 정전력

두 평행도체판의 정전용량 $C = \dfrac{\varepsilon_0 S}{d}[F]$, 정전에너지 $W[J]$
정전력 $F_Q[N]$이라면 다음과 같은 관계가 있다.

$$F_Q = -\dfrac{\partial W}{\partial x}[N]$$

$$W_Q = \dfrac{Q^2}{2C} = \dfrac{d Q^2}{2\varepsilon_0 S}[J]$$

$$F_Q = -\dfrac{\partial W_Q}{\partial d} = -\dfrac{\partial}{\partial d}\dfrac{d Q^2}{2\varepsilon_0 S} = -\dfrac{Q^2}{2\varepsilon_0 S}[N]$$

정전력 F_Q에서 $-$ 는 흡인력을 의미한다.

2) 도체계의 전위가 일정한 조건에서 정전력

정전에너지 $W_V = \dfrac{1}{2}CV^2 = \dfrac{\varepsilon_0 S V^2}{2d}[J]$

정전력 $F_V = \dfrac{\partial W_V}{\partial d} = \dfrac{\partial}{\partial d}\dfrac{\varepsilon_0 S V^2}{2d} = -\dfrac{\varepsilon_0 S V^2}{2d^2}[N]$

F_V에서 $-$ 는 흡인력을 의미한다.

단위 면적당의 정전력 $f = \dfrac{1}{2}\epsilon_0 \left(\dfrac{V}{d}\right)^2 = \dfrac{1}{2}\epsilon_0 E^2 \left[\dfrac{N}{m^2}\right]$이다.

평행판 콘덴서에서 전계의 세기는 $E = \dfrac{V}{d}[V/m]$이다.

Chapter 03. 진공 중의 도체계와 정전용량

적중실전문제

1. 전위계수에 있어서 $P_{11} = P_{21}$의 관계가 의미하는 것은?

① 도체2가 1에 속한다. ② 도체1이 2에 속한다.
③ 도체1 그 자체이다. ④ 도체2 그 자체이다.

해설 1
전위계수로 전위를 구하는 식
① $V_1 = P_{11}Q_1 + P_{12}Q_2$
　$V_2 = P_{21}Q_1 + P_{22}Q_2$
② ①식에서 $Q_2 = 0$이고, $V_1 = V_2$인 등전위 조건이면
　$P_{11}Q_1 = P_{21}Q_1$: 2도체가 1도체 내부에 있는 경우이다.
　∴ $P_{11} = P_{21}$

[답] ①

2. 여러 가지 도체의 전하분포에 있어서 각 도체의 전하를 n배하면 중첩의 원리가 성립하기 위해서는 그 전위는 어떻게 되는가?

① $\frac{1}{2}$n배가 된다. ② n배가 된다.
③ 2n배가 된다. ④ n^2배가 된다.

해설 2
$V \propto Q$
전위는 전하에 비례한다.

[답] ②

3. 용량 계수와 유도 계수의 성질 중 옳지 않은 것은?

① $q_{rs} \geq 0$ ② $q_{rr} > 0$
③ $q_{11} \geq -(q_{21} + q_{31} + \cdots + q_{n1})$ ④ $q_{rs} = q_{sr}$

해설 3
아래 첨자가 다른 q_{rs}, q_{21} 등은 유도계수이며 0보다 작거나 0이다.
유도계수는 $q_{rs} \leq 0$ 이다.

[답] ①

★★★★★

4. 반지름 $a[\text{m}]$의 구의 정전용량[F]은?

① $4\pi\epsilon_0 a[\text{F}]$ ② $\epsilon_0 a[\text{F}]$ ③ $a[\text{F}]$ ④ $\dfrac{1}{4\pi\epsilon_0 a}[\text{F}]$

해설 4

구도체의 정전용량은 $C = 4\pi\epsilon_0 a = \dfrac{a}{9\times 10^9}[\text{F}]$이다.

[답] ①

★★★★★

5. 용량 계수와 유도 계수의 설명 중 옳지 않은 것은?
① 유도 계수는 항상 0이거나 0보다 작다.
② 용량 계수는 항상 0보다 크다.
③ $q_{11} \geq -(q_{21} + q_{31} + \cdots + q_{n1})$
④ 용량 계수와 유도 계수는 항상 0보다 크다.

해설 5

유도계수는 0보다 작거나 0이다.
$q_{rs} \leq 0$

[답] ④

★★☆☆☆

6. 절연된 두 도체가 있을 때, 그 두 도체의 정전 용량을 각각 $C_1[\text{F}]$, $C_2[\text{F}]$ 그 사이의 상호 유도 계수를 M이라 한다. 지금 두 도체를 가는 도선으로 연결하면 그 정전용량[F]은?

① $C_1 + C_2 + 2M$ ② $C_1 + C_2 - 2M$
③ $\dfrac{2M}{C_1 + C_2}$ ④ $\dfrac{2M}{C_1 - C_2}$

해설 6

$Q_1 = C_1 V + MV$ * 도선으로 접속하면 등전위가 된다.
$Q_2 = MV + C_2 V$
$C = \dfrac{Q_1 + Q_2}{V} = C_1 + C_2 + 2M[\text{F}]$

[답] ①

7. 30[F] 콘덴서 3개를 직렬로 연결하면 합성 정전 용량[F]는?

① 10   ② 30   ③ 40   ④ 90

> **해설 7**
>
> 정전용량의 직렬 합성은 역수의 합의 역수
>
> $C_0 = \dfrac{1}{\dfrac{1}{C} + \dfrac{1}{C} + \cdots} = \dfrac{C}{N} = \dfrac{30}{3} = 10[\text{F}]$, 여기서 N은 직렬 개수

[답] ①

8. 내압 1000[V] 정전용량 3[μF], 내압 500[V] 정전 용량 5[μF], 내압 250[V] 정전 용량 6[μF]의 3개 콘덴서를 직렬로 접속하고 양단에 가한 전압을 서서히 증가시키면 최초로 파괴되는 콘덴서는?

① 3[μF]   ② 5[μF]
③ 6[μF]   ④ 동시에 파괴된다.

> **해설 8**
>
> $Q_1 = 3 \times 1000 = 3,000[\mu C]$ $Q_2 = 5 \times 500 = 2500[\mu C]$
>
> $Q_3 = 6 \times 250 = 1,500[\mu C]$
>
> 축적할 수 있는 전하가 가장 작은 Q_3의 6[μF]이 먼저 파괴된다.

[답] ③

9. 내압이 1[kV]이고 용량이 각각 0.01[μF], 0.02[μF], 0.05[μF]인 콘덴서를 직렬로 연결했을 때의 전체 내압[V]은?

① 3000   ② 1750   ③ 1700   ④ 1500

해설 9

① 내압은 견딜 수 있는 최고 전압이다.

② 직렬 접속시 전압분배는 정전용량에 반비례한다.

$$V_1 : V_2 : V_3 = \frac{1}{C_1} : \frac{1}{C_2} : \frac{1}{C_3}$$
$$= \frac{1}{0.01} : \frac{1}{0.02} : \frac{1}{0.05}$$
$$= 100 : 50 : 20$$

③ $V = V_1 + V_2 + V_3 [V]$

④ $V : V_1 = 170 : 100$
 ∴ $V = 1.7 V_1 = 1.7 \times 1000 = 1700 [V]$

[답] ③

10. $1[\mu F]$의 콘덴서를 $80[V]$, $2[\mu F]$의 콘덴서를 $50[V]$로 충전하고 이들을 병렬로 연결했을 때 전위차는 몇 $[V]$인가?

① 75 ② 70 ③ 65 ④ 60

해설 10

$$V = \frac{Q_1 + Q_2}{C_1 + C_2} = \frac{(1 \times 80) + (2 \times 50)}{(1+2)} = 60 [V]$$

[답] ④

11. 전압 V로 충전된 용량 C의 콘덴서에 용량 $2C$의 콘덴서를 병렬 연결한 후의 단자전압은?

① $3V$ ② $2V$ ③ $V/2$ ④ $V/3$

해설 11

① $Q = CV [C]$

② 병렬 연결 후의 단자전압 V_0

$$V_0 = \frac{Q_0}{C_0} = \frac{CV}{C + 2C} = \frac{1}{3} V [V]$$

[답] ④

12. 간격 $d[m]$의 무한히 넓은 평행판의 단위 면적당 정전용량 $[F/m^2]$은 얼마가 되는가? (단, 매질은 공기이고 극판의 면 전하 밀도를 $\sigma[C/m^2]$라 한다.)

① $\dfrac{\epsilon_0}{d}$ ② $\dfrac{\epsilon_0}{d^2}$ ③ $\dfrac{1}{4\pi\epsilon_0 d}$ ④ $\dfrac{4\pi\epsilon_0}{d}$

해설 12

$C = \dfrac{\epsilon_0 S}{d}[F] \rightarrow S = 1[m^2]$: 단위면적

[답] ①

13. 상당한 거리를 가진 두개의 절연구가 있다. 그 반지름은 각각 2[m] 및 4[m]이다. 이 전위를 각각 2[V] 및 4[V]로 한 후 가는 도선으로 두 구를 연결하면 전위[V]는?

① 0.3 ② 1.3 ③ 2.3 ④ 3.3

해설 13

도선으로 두 구를 연결하면 등전위가 된다.

$V = \dfrac{Q}{C} = \dfrac{C_1 V_1 + C_2 V_2}{C_1 + C_2} = \dfrac{r_1 V_1 + r_2 V_2}{r_1 + r_2} = \dfrac{(2 \times 2) + (4 \times 4)}{2 + 4} = 3.333[V]$

[답] ④

14. 전하 Q로 대전된 용량 C의 콘덴서에 용량 C_0를 병렬 연결한 경우 C_0가 분배받는 전기량은?

① $\dfrac{C + C_0}{C_0} Q$ ② $\dfrac{C + C_0}{C} Q$

③ $\dfrac{C}{C + C_0} Q$ ④ $\dfrac{C_0}{C + C_0} Q$

해설 14

공통전위 $V = \dfrac{Q}{C + C_0}[V]$

$Q_0 = C_0 V = \dfrac{C_0}{C + C_0} Q[V]$

[답] ④

15. 반지름 a>b [m]인 동심 도체구의 정전용량 [F]은?
(단, 내구절연, 외구접지일 때이다.)

① $4\pi\varepsilon_0 a$
② $\dfrac{4\pi\varepsilon_0 ab}{a-b}$
③ $\dfrac{1}{4\pi\varepsilon_0}\times\dfrac{ab}{a-b}$
④ $\dfrac{1}{4\pi\varepsilon_0}\times\dfrac{a-b}{ab}$

해설 15

반지름 a>b [m]인 동심 도체구의 정전용량은 $\dfrac{4\pi\varepsilon_0 ab}{a-b}$ 이다.

[답] ②

16. 동심 구형 콘덴서의 내외 반지름을 각각 2배로 하면 정전 용량은 몇 배 되는가?

① 1배   ② 2배   ③ 3배   ④ 4배

해설 16

$C = \dfrac{4\pi\epsilon_0 ab}{b-a}$ [F] → $C_0 = \dfrac{4\pi\epsilon_0 (2a)(2b)}{2(b-a)} = 2C$

따라서 2배이다.

[답] ②

17. 내원통 반지름 10[cm], 외원통 반지름 20[cm]인 동축 원통 도체의 정전 용량[pF/m]은?

① 100   ② 90   ③ 80   ④ 70

해설 17

$C = \dfrac{2\pi\epsilon_0}{\ln\dfrac{b}{a}} = \dfrac{1}{18\times 10^9 \ln 2} = \dfrac{1}{18\times 10^9 \times 0.693}$

$= 0.08\times 10^{-9} = 8\times 10^{-11} = 80\times 10^{-12}$ [pF/m]

[답] ③

★★★★★

18. 반지름 a[m], 선간 거리 d[m]인 평행 도선 간의 정전 용량[F/m]은? (단, $d \gg a$이다.)

① $\dfrac{2\pi\varepsilon_0}{\ln\dfrac{d}{a}}$ ② $\dfrac{1}{2\pi\varepsilon_0 \ln\dfrac{d}{a}}$ ③ $\dfrac{1}{2\varepsilon_0 \ln\dfrac{d}{a}}$ ④ $\dfrac{\pi\varepsilon_0}{\ln\dfrac{d}{a}}$

해설 18

반지름 a[m], 선간 거리 d[m]인 평행 도선 간의 정전 용량은 $\dfrac{\pi\epsilon_0}{\ln\dfrac{d}{a}}$[F/m]이다.

[답] ④

★★★

19. 간격 d[m]인 무한히 넓은 평행판의 단위 면적당 정전 용량 [F/m²]은?

① $\dfrac{1}{4\pi\varepsilon_0 d}$ ② $\dfrac{4\pi\varepsilon_0}{d}$ ③ $\dfrac{\varepsilon_0}{d}$ ④ $\dfrac{\varepsilon_0}{d^2}$

해설 19

$C = \dfrac{\epsilon_0 S}{d}$[F] 식에서 $S = 1[m^2]$ 대입한다.

[답] ③

★★★

20. 평행판 콘덴서의 양극판 면적을 3배로 하고 간격을 1/2배로 하면 정전용량은 처음의 몇 배 되는가?

① 3/2 ② 2/3 ③ 1/6 ④ 6

해설 20

$C = \dfrac{\epsilon_o S}{d}$, $C = \dfrac{\epsilon_o 3S}{\dfrac{1}{2}d} = 6C$ ∴ 6배가 된다.

[답] ④

21. $5[\mu F]$의 콘덴서에 $100[V]$의 직류 전압을 가하면 축적되는 전하$[C]$는?

① 5×10^{-3} ② 5×10^{-4} ③ 5×10^{-5} ④ 5×10^{-6}

해설 21

$Q = CV = 5 \times 10^{-6} \times 100 = 5 \times 10^{-4}[C]$

[답] ②

22. 콘덴서의 전위차와 축적되는 에너지를 그림으로 나타내면 다음의 어느 것인가?

① 쌍곡선 ② 타원 ③ 포물선 ④ 직선

해설 22

$W = \dfrac{1}{2}CV^2[J]$

제곱에 비례하면 포물선이다.

[답] ③

23. $3[\mu F]$의 콘덴서 $9 \times 10^{-4}[C]$의 전하를 저축할 때의 정전 에너지$[J]$는?

① 0.135 ② 1.35
③ 1.22×10^{-12} ④ 1.35×10^{-7}

해설 23

$W = \dfrac{Q^2}{2C} = \dfrac{81 \times 10^{-8}}{2 \times 3 \times 10^{-6}} = 13.5 \times 10^{-2} = 0.135[J]$

[답] ①

24. 정전 용량 1[μF], 2[μF]의 콘덴서에 각각 2×10^{-4}[C] 및 3×10^{-4}[C]의 전하를 주고 극성을 같게 하여 병렬로 접속할 때 콘덴서에 축적된 에너지[J]는 얼마인가?

① 약 0.025
② 약 0.303
③ 약 0.042
④ 약 0.525

해설 24

$$W = \frac{Q^2}{2C} = \frac{[(2+3)\times 10^{-4}]^2}{2(1+2)\times 10^{-6}} = 4.16\times 10^{-2}[J]$$

[답] ③

25. 유전율 ϵ_0[F/m]인 공간 내에서 반지름 a인 도체구의 전위 V[V]일 때 이 도체구가 가지는 에너지는?

① $2\pi\epsilon_0 a V$
② $4\pi\epsilon_0 a V$
③ $4\pi\epsilon_0 a V^2$
④ $2\pi\epsilon_0 a V^2$

해설 25

$$W = \frac{1}{2}CV^2 = \frac{1}{2}\times 4\pi\epsilon_0 a V^2[J]$$

[답] ④

26. 평행판 콘덴서의 극판 사이가 진공일 때의 용량을 C_0 비유전율 ε_s의 유전체를 채웠을 때의 용량을 C라 할 때, 이들의 관계식은?

① $\dfrac{C}{C_0} = \dfrac{1}{\varepsilon_0 \varepsilon_s}$
② $\dfrac{C}{C_0} = \dfrac{1}{\varepsilon_s}$
③ $\dfrac{C}{C_0} = \varepsilon_0 \varepsilon_s$
④ $\dfrac{C}{C_0} = \varepsilon_s$

해설 26

$C = \varepsilon_s C_0$이다.

[답] ④

27. 100[kV]로 충전된 8×10^3[pF]의 콘덴서가 축적할 수 있는 에너지는 몇 [W]의 전구가 2[s] 동안 한 일에 해당되는가?

① 10　　　② 20　　　③ 30　　　④ 40

해설 27

$W = \frac{1}{2}CV^2 = pt [\text{W} \cdot \text{s} = \text{J}]$, 여기서 p는 전력[W]이고 t는 시간[S]이다.

$\frac{1}{2} \times 8 \times 10^3 \times 10^{-12}(100 \times 10^3)^2 = p \times 2$　∴ p = 20[W]

[답] ②

28. 반지름이 1[m]인 고립 도체구의 정전용량은 약 몇 [pF]인가?

① 1.1　　　② 11　　　③ 111　　　④ 1111

해설 28

$C = 4\pi\epsilon_0 a = \frac{1}{9 \times 10^9} = 0.111 \times 10^{-9} = 111 \times 10^{-12}$[F]

[답] ③

29. 평행판 콘덴서에 100[V]의 전압이 걸려 있다. 이 전원을 제거한 후 평행판 간격을 처음의 2배로 증가시키면?

① 용량은 1/2배로, 저장되는 에너지는 2배로 된다.
② 용량은 2배로, 저장되는 에너지는 1/2배로 된다.
③ 용량은 1/4배로, 저장되는 에너지는 1/4배로 된다.
④ 용량은 4배로, 저장되는 에너지는 1/4배로 된다.

해설 29

$C = \frac{\epsilon_0 S}{d}$, $C' = \frac{\epsilon_0 S}{2d} = \frac{C}{2}$: 감소

$W = \frac{Q^2}{2C}$, $W' = \frac{Q^2}{2 \times \frac{C}{2}} = 2W$: 증가

[답] ①

30. 정전 용량 $C_1[F]$, $C_2[F]$인 두 개의 콘덴서를 직렬로 연결하여 충전시키는데 $W[J]$을 필요로 했다면, $C_1[F]$에 축적되는 에너지는?

① $\dfrac{C_1}{C_1+C_2}W$ ② $\dfrac{C_2}{C_1+C_2}W$

③ $\dfrac{C_1 C_2}{C_1+C_2}W$ ④ $\dfrac{C_1+C_2}{C_1 \cdot C_2}W$

해설 30

$W = \dfrac{Q^2}{2\left(\dfrac{C_1 C_2}{C_1+C_2}\right)}[J]$, $W_1 = \dfrac{Q^2}{2C_1} = \dfrac{C_2}{C_1+C_2}W[J]$

[답] ②

31. 면적 $S[m^2]$, 간격 $d[m]$인 평행판 콘덴서에 전하 $Q[C]$를 줄 때 정전력의 크기[N]은? (단, 유전율 ε_0이다.)

① $\dfrac{Q^2}{2\varepsilon_0 S}$ ② $\dfrac{\varepsilon SQ}{2d}$ ③ $\dfrac{Q}{2\varepsilon_0 d}$ ④ $\dfrac{\varepsilon SQ^2}{2S}$

해설 31

$W = \dfrac{Q^2}{2C} = \dfrac{d\,Q^2}{2\varepsilon_0 S}[J]$, $F = \dfrac{\partial W}{\partial d} = \dfrac{Q^2}{2\varepsilon_0 S}[N]$

[답] ①

32. 서로 같은 두 개의 비누방울에 $Q[C]$의 전하가 대전되어 있다. 만일 두 비누방울이 하나의 비누방울로 합해졌을 경우 정전 에너지 W와의 관계는? (단, 비누방울의 에너지는 $W_1 = W_2$이다.)

① $W = W_1 + W_2$ ② $W > W_1 + W_2$
③ $W < W_1 + W_2$ ④ $W = W_1 = W_2$

해설 32

1) 두 개의 비누방울은 반발하므로, 외부에서 에너지가 보충되어야 합할 수 있다.
2) 그러므로, 합한 후가 더 크다.

[답] ②

33. 1[μF]와 2[μF]인 두개의 콘덴서가 직렬로 연결된 양단에 150[V]의 전압이 가해졌을 때 1[μF]의 콘덴서에 걸리는 전압[V]는?

① 30　　　② 50　　　③ 100　　　④ 120

해설 33

$$V_1 = \frac{C_2}{C_1 + C_2} V = \frac{2}{1+2} \times 150 = 100[\text{V}]$$

[답] ③

34. 동심구형 콘덴서의 내외 반지름을 각각 3배로 증가시키면 정전용량은 몇 배가 되는가?

① $\sqrt{3}$　　　② 3　　　③ $2\sqrt{3}$　　　④ 9

해설 34

$$C = \frac{4\pi\epsilon_0 ab}{b-a} \rightarrow C_0 = \frac{4\pi\epsilon_0 (3a)(3b)}{3(b-a)} = 3C$$

[답] ②

35. 반지름이 각각 a[m], b[m], c[m]인 독립 구도체가 있다. 이들 도체를 가는 선으로 연결하면 합성 정전 용량은 몇[F]인가?

① $4\pi\varepsilon_0 (a+b+c)$　　　② $4\pi\varepsilon_0 \sqrt{a^2+b^2+c^2}$

③ $12\pi\varepsilon_0 \sqrt{a^3+b^3+c^3}$　　　④ $\frac{4}{3}\pi\varepsilon_0 \sqrt{a^2+b^2+c^2}$

해설 35

도선으로 구도체를 연결하면 등전위가 되므로 병렬 접속하는 경우와 같다.
$C = C_a + C_b + C_c [\text{F}]$

[답] ①

36. 콘덴서에 대한 설명 중 잘못된 것은?
   ① 두 도체사이의 정전용량에 의해서 전하를 충전하도록 한 장치이다.
   ② 두 도체사이의 절연을 유지하기 위해서는 적당한 절연내력을 갖는 절연체를 넣는다.
   ③ 정전용량을 크게 하고 가능한 한 많은 전하를 축적하기 위해서는 도체사이의 간격을 크게 한다.
   ④ 전극판의 대향 면적을 변화시키는 것에 의하여 용량이 변화될 수 있다.

   해설 36
   $Q = CV = \dfrac{\epsilon_0 \epsilon_s S}{d} V [C]$
   전하 Q를 많이 축적하기 위하여 d를 작게, S는 넓게 해야 한다.

   [답] ③

37. 콘덴서의 성질에 관한 설명 중 적절하지 못한 것은?
   ① 용량이 같은 콘덴서를 n개 직렬 연결하면 내압은 n배가 되고 용량은 $\dfrac{1}{n}$배가 된다.
   ② 용량이 같은 콘덴서를 n개 병렬 연결하면 내압은 같고 용량은 n배가 된다.
   ③ 정전용량이란 도체의 전위를 1[V]로 하는데 필요한 전하량을 말한다.
   ④ 콘덴서를 직렬 연결할 때 각 콘덴서에 분포되는 전하량은 콘덴서 크기에 비례한다.

   해설 37
   직렬 연결하는 경우 각 콘덴서의 전하는 같다. Q[C] 일정하다.

   [답] ④

38. 도선의 반지름이 a이고, 두 도선 중심 간의 간격이 d인 평행 2선 선로의 정전 용량에 대한 설명으로 옳은 것은?

① 정전 용량 C는 $\ln \dfrac{d}{a}$에 직접 비례한다.

② 정전 용량 C는 $\ln \dfrac{d}{a}$에 반비례한다.

③ 정전 용량 C는 $\ln \dfrac{a}{d}$에 직접 비례한다.

④ 정전 용량 C는 $\ln \dfrac{a}{d}$에 반비례한다.

해설 38

$$C = \dfrac{\pi \epsilon_0 l}{\ln \dfrac{d}{a}} [\text{F}]$$

[답] ②

39. 누설이 없는 콘덴서의 소모 전력은 얼마인가?

① $\dfrac{1}{2}CV^2$ ② $\dfrac{Q}{\varepsilon}$ ③ ∞ ④ 0

해설 39

누설이 없으면 콘덴서의 전력소모는 없다.

[답] ④

40. 정전용량(C)과 내압(V_{max})이 다른 콘덴서를 여러개 직렬로 연결하고 그 직렬회로 양단에 직류전압을 인가할 때 가장 먼저 절연이 파괴되는 콘덴서는?
  ① 정전용량이 가장 작은 콘덴서
  ② 최대 충전 전하량이 가장 작은 콘덴서
  ③ 내압이 가장 작은 콘덴서
  ④ 배분전압이 가장 큰 콘덴서

해설 40

콘덴서를 직렬로 연결하면 각 콘덴서의 전하가 일정하다. 따라서 인가전압을 높여가면 최대 충전 전하량이 가장 작은 콘덴서가 먼저 절연이 파괴된다.

[답] ②

41. 대전된 구 도체를 반지름이 2배가 되는 대전이 되지 않은 구 도체에 가는 도선으로 연결할 때 원래의 에너지에 대해 손실된 에너지는 얼마가 되는가? (단, 구 도체는 충분히 떨어져 있다고 한다.)

  ① $\dfrac{1}{2}$ ② $\dfrac{1}{3}$ ③ $\dfrac{2}{3}$ ④ $\dfrac{2}{5}$

해설 41

연결 전 : $W = \dfrac{Q^2}{2C}[J]$

도선으로 연결하면 등전위가 되며 병렬형이다.

연결 후 : $W_0 = \dfrac{Q^2}{2(C+2C)}[J] = \dfrac{Q^2}{6C} = \dfrac{Q^2}{2C} \times \dfrac{1}{3}[J]$

$W - W_0 = \dfrac{2}{3}W$: 원래의 에너지 W의 $\dfrac{2}{3}$배가 손실이다.

[답] ③

Chapter 04

유전체

01. 유전체

02. 분극전하와 분극의 세기

03. 유전체 중의 전기력, 전계의 세기, 전위, 정전용량

04. 유전체의 경계조건

05. 유전체 중의 정전 에너지

06. 유전체 중의 도체 표면에 작용하는힘

07. 유전체 경계면에 작용하는 힘

08. 특수 분극 현상

- 적중실전문제

Chapter 04 유전체

01 유전체

전계 중에서 분극(polarization) 현상이 나타나는 절연체를 유전체라 한다.
유전율 $\varepsilon = \varepsilon_0 \varepsilon_r [\text{F/m}]$이다.

비유전율 $\varepsilon_r = \dfrac{\varepsilon}{\varepsilon_0}$, 진공의 유전율 $\varepsilon_0 = 8.854 \times 10^{-12} [\text{F/m}]$이다.

비유전율의 문자기호는 ε_r 또는 ε_s이다.

유전체의 비유전율 ε_r은 1보다 크다.

유전체의 비유전율은 다음 표와 같다.

물 질	비유전율 ε_r	물 질	비유전율 ε_r
진 공	1	도 자 기	5.7 ~ 6.8
공 기	1.000586	고 무	2.0 ~ 3.5
물	80.7	산화티탄	30 ~ 80
변압기유	2.2 ~ 2.4	티탄산바륨	1,500 ~ 2,000
폴리에틸렌	2.1 ~ 2.5	종 이	1.2 ~ 2.6
호 박	2.9	대 리 석	8.3
유 리	3.5 ~ 9.9	파 라 핀	2.1 ~ 2.5
수 정	5	유 황	4
운 모	2.5 ~ 6.6	실 리 콘	12

02 분극전하와 분극의 세기

전계 중에 유전체를 넣었을 때 원자핵과 전자들이 약간 변위하는데 이렇게 변위된 원자들이 배열하면 유전체 양 단면에 분극 전하가 나타난다.
다음 그림은 평행판 도체전극에 $+Q[\text{C}]$과 $-Q[\text{C}]$의 전하를 준 경우 전극 사이에 $E[\text{V/m}]$의 전계의 세기가 만들어지고 유전체에 변위 및 $\pm q$ 분극전하가 나타난다.

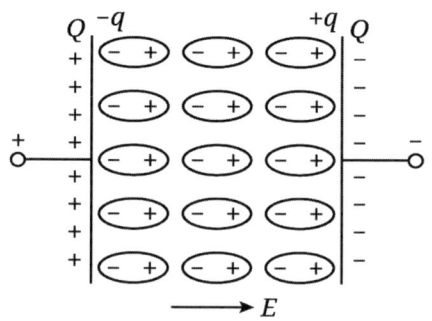

〈변위와 분극전하 ±q〉

분극의 세기 P는 유전체에서 유전체 내부 전계 E에 비례한다.
즉, $P = xE$가 된다. x는 분극율이다.
분극의 세기 P는 단위 체적당의 전기 쌍극자 모멘트이다.
또는 단위 면적당의 분극 전하로 표시한다.

$$P = xE = \epsilon_0(\epsilon_s - 1)E = D - \epsilon_0 E = \left(1 - \frac{1}{\epsilon_s}\right)D [\text{C/m}^2]$$

전속밀도 $D = \epsilon_0 E + P = \epsilon_0 E + xE = \epsilon E = \epsilon_0 \epsilon_s E [\text{C/m}^2]$

여기서, 비유전율 ϵ_s는 1보다 크다.

비유전율 5인 유전체의 비분극율 $\dfrac{x}{\varepsilon_0}$은 $(\varepsilon_r - 1) = (5 - 1) = 4$ 이다.

패러데이(Faraday)가 다음과 같은 사실을 확인하였다. 어떤 도체에 $+Q[\text{C}]$의 전하가 있을 때 주위의 물질이 무엇이든 Q개의 전속(electric flux)이 나온다. 이 전속의 단위면적 $1[\text{m}^2]$당 수가 전속밀도 또는 전기 변위이다.
구도체에 $+Q[\text{C}]$의 전하가 있을 때 구도체에서 나오는 전속은 Q개이고
구도체 중심에서 구도체 밖의 r[m]떨어진 곳의 전속 밀도와 전계의 세기는 다음과 같다.

전속밀도 $D = \dfrac{Q}{4\pi r^2} [\text{C/m}^2]$이다. 전기력선 수 $= \dfrac{Q}{\varepsilon} = \dfrac{Q}{\epsilon_0 \epsilon_s}$[개]이다.

전계의 세기 $E\left[\dfrac{N}{C}\right]$ = 전기력선의 밀도 $\left[\dfrac{\text{개}}{\text{m}^2}\right]$이다.

따라서 전계의 세기 $E = \dfrac{Q}{4\pi \varepsilon r^2}$ [개/m²]이다.

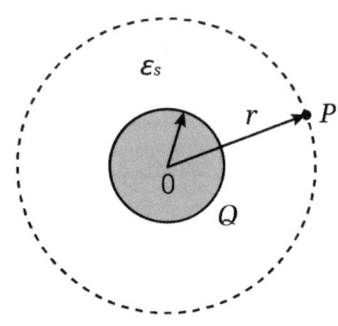

〈유전체 내의 대전 도체구〉

유전체내의 대전 도체구의 $E = \dfrac{Q}{\epsilon_0 \epsilon_s} \times \dfrac{1}{4\pi r^2} = \dfrac{Q}{4\pi \epsilon_0 \epsilon_s r^2}$ [V/m]이다.

예제 1

비유전율 $\epsilon_s = 5$인 유전체 내의 한 점에서 전계의 세기가 $E = 10^4$[V/m]일 때 이 점의 분극의 세기 [C/m²]는?

① $10^{-5}/9\pi$ ② $10^{-9}/9\pi$ ③ $10^{-5}/18\pi$ ④ $10^{-9}/18\pi$

【해설】
분극의 세기 $P = \epsilon_0 (\epsilon_s - 1) E$ [C/m²]

$P = \dfrac{10^{-9}}{36\pi} (5-1) \times 10^4 = \dfrac{10^{-5}}{9\pi}$ [C/m²]

[답] ①

---

03 유전체 중의 전기력, 전계의 세기, 전위, 정전용량

1) 쿨롱의 법칙

점전하 Q_1, Q_2 [C]이 거리 r[m] 떨어져 있을 때 전기력은 다음과 같다.

$$F = \dfrac{Q_1 Q_2}{4\pi \epsilon r^2} = 9 \times 10^9 \times \dfrac{Q_1 Q_2}{\epsilon_s r^2} \text{[N]}$$

전하와 거리가 일정한 조건에서 유전체 중에서 전기력은 진공에서 전기력과 비교할 때 $\dfrac{1}{\epsilon_s}$배로 감소한다.

2) 전하가 일정하다는 조건에서 전계의 세기와 전위는 감소하고 정전용량은 ϵ_s배로 증가한다.

(1) 진공 중에서 전계의 세기가 E_0, 전위 V_0, 정전용량이 C_0라 하고 유전체 중에서 전계의 세기 E, 전위 V, 정전용량 C라 하면 다음과 같다.

$$E = \frac{E_0}{\epsilon_s},\ V = \frac{V_0}{\epsilon_s},\ C = \epsilon_s C_0$$

여기서, $\epsilon_s > 1$이다.

(2) 두 종류의 유전체로 구성된 콘덴서 용량의 비교

① 직렬형

$$C = \frac{\epsilon_1 \epsilon_2 S}{\epsilon_1 d_2 + \epsilon_2 d_1} [\mathrm{F}]$$

② 병렬형

$$C = \frac{\epsilon_1 S_1 + \epsilon_2 S_2}{d} [\mathrm{F}]$$

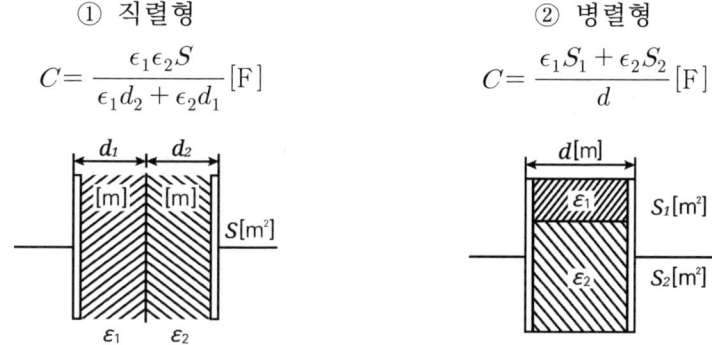

〈두 종류 유전체를 삽입한 평행 도체판〉

예제 2

$\epsilon_s = 10$인 유리 콘덴서와 동일 크기의 $\epsilon_s = 1$인 공기 콘덴서가 있다. 유리 콘덴서 200[V]의 전압을 가할 때 동일한 전하를 축적하기 위하여 공기 콘덴서에 필요한 전압[V]은?

① 20 ② 200 ③ 400 ④ 2000

【해설】
$Q = C_0 V_0 = \epsilon_s C_0 V [\mathrm{C}]$: 일정
$\therefore V_0 = \epsilon_s V \rightarrow V_0 = 10 \times 200 = 2,000 [\mathrm{V}]$

[답] ④

04 유전체의 경계조건

두 유전체가 접하는 경계면에서 전속 밀도는 법선 성분이 같고, 전계는 접선 성분이 같다.

1) 경계면에 수직선을 세워 그림과 같이 표시하는 경우

경계면과 수직선을 긋고 전속밀도와 전계의 세기가 수직선과 이루는 입사각을 θ_1, 굴절각을 θ_2라 하면 다음 관계가 성립한다.

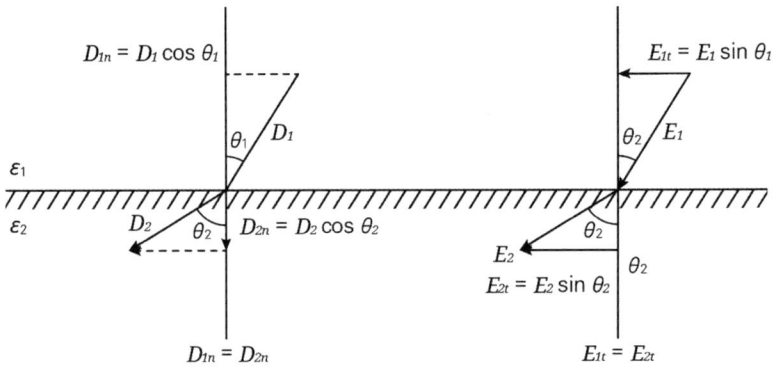

〈두 종류 유전체의 경계면〉

(1) 전속밀도의 법선 성분은 양측에서 같다.
$$D_{1n} = D_{2n}$$
$$D_1 \cos\theta_1 = D_2 \cos\theta_2$$

(2) 전계의 접선 성분은 양측에서 같다.
$$E_{1t} = E_{2t}$$
$$E_1 \sin\theta_1 = E_2 \sin\theta_2$$

(3) 유전율의 비와 입사각 및 굴절각의 tan값의 비는 같다.
$$\frac{\tan\theta_1}{\tan\theta_2} = \frac{\epsilon_1}{\epsilon_2}$$

(4) 만약 $\epsilon_2 > \epsilon_1$인 조건이면 $D_2 > D_1$, $\theta_2 > \theta_1$, $E_2 < E_1$이다.
즉, 유전율이 큰 쪽에서 전속밀도와 각은 커지고, 전계의 세기는 작아진다.

(5) 평등 전계 중에 유전체구가 있을 때 전속선 분포

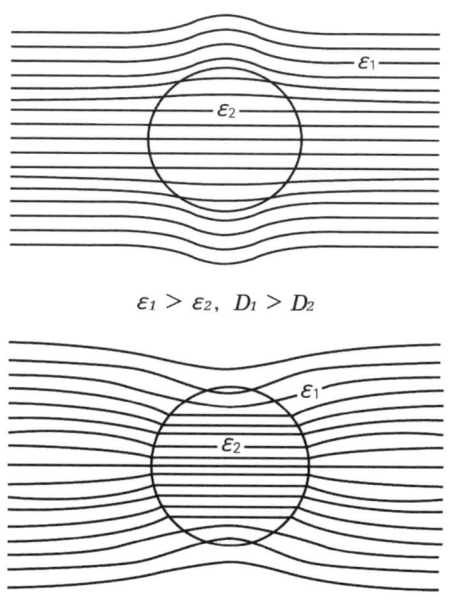

$\varepsilon_1 > \varepsilon_2, \ D_1 > D_2$

$\varepsilon_1 < \varepsilon_2, \ D_1 < D_2$

〈두 종류 유전체에서 전속선 분포〉

예제 3

두 유전체가 접했을 때 $\tan\theta_1/\tan\theta_2 = \varepsilon_1/\varepsilon_2$ 의 관계식에서 $\theta_1=0$ 일 때 다음 중에 표현이 잘못된 것은?
① 전기력선은 굴절하지 않는다.
② 전속 밀도는 불변이다.
③ 전계는 불연속이다.
④ 전기력선은 유전율이 큰 쪽에 모여진다.

【해설】
$\theta_1 = 0$이면, $\theta_2 = 0$가 되는데, 경계면과 수직이라는 뜻이다.
1) 전속밀도는 경계면 양측에서 같고, 굴절하지 않는다.
2) 전기력선은 경계면 양측에서 다르고, 굴절하지 않는다.
3) 전기력선은 ε이 큰 쪽이 작다.

[답] ④

05 유전체 중의 정전 에너지

유전체 중의 정전에너지는 진공 중에서의 정전에너지를 구하는 식과 비교하면 진공 유전율 ϵ_0 대신에 유전율 ϵ을 넣으면 다음과 같다.

1) 단위 체적의 에너지 밀도 $w = \dfrac{1}{2}ED = \dfrac{1}{2}\epsilon E^2 = \dfrac{D^2}{2\epsilon}$ [J/m^2]이다.

2) $W = \displaystyle\int_v \dfrac{1}{2}ED\,dv = \int_v \dfrac{1}{2}\epsilon E^2\,dv = \int_v \dfrac{D^2}{2\epsilon}\,dv$ [J]

06 유전체 중의 도체 표면에 작용하는 힘

유전율 ϵ[F/m]인 유전체 중에 있는 어떤 도체 표면의 전하 밀도가 σ[C/m^2]라 하면 도체 표면의 단위 면적당 작용력은 다음과 같다.

$$f = \dfrac{1}{2}\epsilon E^2 = \dfrac{1}{2}DE = \dfrac{D^2}{2\epsilon}\,[\text{N/m}^2]$$

힘은 도체 표면에서 외부로 작용한다.

07 유전체의 경계면에 작용하는 힘

1) 전계가 경계면에 수직으로 가해지는 경우 경계면과 직각 방향으로 인장력이 작용한다.

$$f_n = \dfrac{1}{2}\left(\dfrac{1}{\epsilon_2} - \dfrac{1}{\epsilon_1}\right)D^2\,[\text{N/m}^2]$$

힘의 방향은 ϵ이 작은 유전체측이다.
이 힘을 맥스웰(Maxwell) 응력이라 한다.

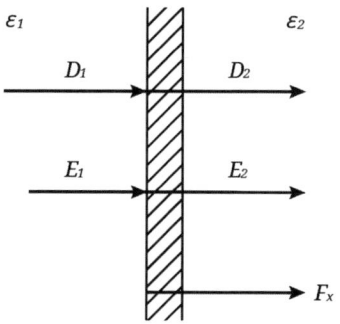

〈전계가 수직일 때 맥스웰 응력〉

2) 전계가 경계면에 평행으로 가해지는 경우

경계면과 직각 방향으로 압축력이 작용한다.

$$f = \frac{1}{2}(\epsilon_1 - \epsilon_2) E^2 [\text{N/m}^2]$$

힘의 방향은 ϵ이 작은 유전체측이다.

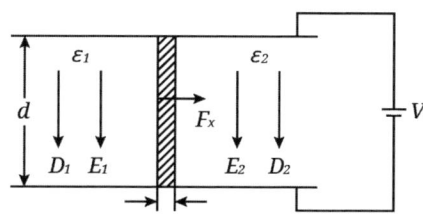

〈전계가 평형일 때 맥스웰 응력〉

예제 4

전계 E[V/m]가 두 유전체의 경계면에 평행으로 작용하는 경우 경계면의 단위 면적당 작용하는 힘 [N/m²]은? (단, ϵ_1, ϵ_2는 두 유전체의 유전율이다.)

① $f = \frac{1}{2}(\epsilon_1 - \epsilon_2) E^2$
② $f = E^2(\epsilon_1 - \epsilon_2)$
③ $f = \frac{1}{2E^2}(\epsilon_1 - \epsilon_2)$
④ $f = \frac{1}{E^2}(\epsilon_1 - \epsilon_2)$

【해설】

1) 전계가 기준인 경우 $f = \frac{1}{2}\epsilon E^2 [\text{N/m}^2]$이다.

2) 전속 밀도가 기준인 경우 $f = \frac{D^2}{2\epsilon} [\text{N/m}^2]$이다.

[답] ①

08 특수 분극 현상

분극은 전계 중에서 나타나는데 특별한 물체는 전계가 없이 다른 작용으로 분극이 발생한다.

1) 압전기 효과

수정에 기계적인 응력을 가하면 분극이 나타난다. 이러한 현상을 압전기 직접 효과라 하며 반대로 결정체에 전계를 가하면 기계적인 변형을 일으키는 현상을 압전기 역효과라 한다. 응력과 동일 방향으로 분극이 나타나는 압전기 효과를 종효과(longitudinal effect)라 하고, 분극이 응력에 수직 방향으로 나타나는 경우를 횡효과(fransversal effect)라 한다.

2) 파이로(Pyro) 전기

전기석을 가열하면 한 면에 정(+), 반대면에 부(-)의 분극이 나타나고, 반대로 냉각시키면 역의 분극이 나타나는데 이것을 파이로 전기라 한다.

Chapter 04. 유전체
적중실전문제

1. 비유전율 $\varepsilon_s = 5$인 유전체 내의 한 점에서 전계의 세기가 $E = 10^4 [\text{V/m}]$일 때 이 점의 분극의 세기 $[\text{C/m}^2]$는?

① $10^{-5}/9\pi$ ② $10^{-9}/9\pi$
③ $10^{-5}/18\pi$ ④ $10^{-9}/18\pi$

> **해설 1**
> 분극의 세기 $P = \varepsilon_0 (\varepsilon_s - 1) E [\text{C/m}^2]$
> $P = \dfrac{10^{-9}}{36\pi}(5-1) \times 10^4 = \dfrac{10^{-5}}{9\pi} [\text{C/m}^2]$
>
> [답] ①

2. 공기 중에서 평등 전계 $E[\text{V/m}]$에 수직으로 비유전율이 ϵ_s인 유전체를 놓았더니 $\sigma_P[\text{C/m}^2]$의 분극 전하가 표면에 생겼다면 유전체 중의 전계 세기 $E[\text{V/m}]$는?

① $\sigma_P/\epsilon_0 \epsilon_s$ ② $\sigma_P/\epsilon_0(\epsilon_s - 1)$
③ $\epsilon_0 \epsilon_s \sigma_P$ ④ $\epsilon_0(\epsilon_s - 1)\sigma_P$

> **해설 2**
> $\sigma_P = \epsilon_0 (\epsilon_s - 1) E [\text{C/m}^2]$, $E = \sigma_p/\epsilon_0(\epsilon_s - 1)$
>
> [답] ②

3. 두 유전체의 경계면에 대한 설명 중 옳은 것은?
   ① 두 유전체의 경계면에 전계가 수직으로 입사하면 두 유전체내의 전계의 세기는 같다.
   ② 유전율이 작은 쪽에 전계가 입사할 때 입사각은 굴절각보다 크다.
   ③ 경계면에서 정전력은 전계가 경계면에 수직으로 입사할 때 유전율이 큰 쪽에서 작은 쪽으로 작용한다.
   ④ 유전율이 큰 쪽에서 작은 쪽으로 전계가 경계면에 수직으로 입사할 때 유전율이 작은 쪽의 전계의 세기가 작아진다.

   해설 3
   1) 전속밀도의 법선 성분은 같다.
      $D_1 \cos\theta_1 = D_2 \cos\theta_2$
   2) 전계의 접선 성분은 같다.
      $E_1 \sin\theta_1 = E_2 \sin\theta_2$
   3) $\dfrac{\tan\theta_1}{\tan\theta_2} = \dfrac{\epsilon_1}{\epsilon_2}$
   4) 두 유전체 경계면에 작용하는 정전응력은 ϵ이 작은 쪽으로 작용한다.

   [답] ③

4. 비유전율이 $\epsilon_s = 5$인 등방 유전체의 한 점에 전계의 세기가 $E = 10^4 [\text{V}/\text{m}]$일 때 이 점의 분극률 $x[\text{F}/\text{m}]$는?
   ① $10^{-9}/9\pi$
   ② $10^{-9}/18\pi$
   ③ $10^{-9}/27\pi$
   ④ $10^{-9}/36\pi$

   해설 4
   $x = \epsilon_0 (\epsilon_s - 1) = \dfrac{10^{-9}}{36\pi}(5-1) = \dfrac{10^{-9}}{9\pi}$

   [답] ①

★★★★★

5. 두 종류의 유전율 ε_1, ε_2를 가진 유전체 경계면에 전하가 존재하지 않을 때 경계 조건이 아닌 것은?

① $\varepsilon_1 E_1 \cos\theta_1 = \varepsilon_2 E_2 \cos\theta_2$
② $\varepsilon_1 E_1 \sin\theta_1 = \varepsilon_2 E_2 \sin\theta_2$
③ $E_1 \sin\theta_1 = E_2 \sin\theta_2$
④ $\tan\theta_1 / \tan\theta_2 = \varepsilon_1 / \varepsilon_2$

> 해설 5
> $D_1 \cos\theta_1 = D_2 \cos\theta_2 \;\rightarrow\; \varepsilon_1 E_1 \cos\theta_1 = \varepsilon_2 E_2 \cos\theta_2$
>
> [답] ②

★★★★★

6. 전계가 유리 $E_1[V/m]$에서 공기 $E_2[V/m]$중으로 입사할 때 입사각 θ_1과 굴절각 θ_2 및 전계 E_1, E_2 사이의 관계 중 옳은 것은?

① $\theta_1 > \theta_2,\; E_1 > E_2$
② $\theta_1 < \theta_2,\; E_1 > E_2$
③ $\theta_1 > \theta_2,\; E_1 < E_2$
④ $\theta_1 < \theta_2,\; E_1 < E_2$

> 해설 6
> 유리 : ϵ_1, 공기 : ϵ_2, $\epsilon_1 > \epsilon_2$ 이므로 $\theta_1 > \theta_2$, $E_1 < E_2$ 이다.
>
> [답] ③

★★★

7. 반지름 a인 도체구의 전하 Q를 주었다. 도체구를 둘러싸고 있는 유전체의 비유전율이 ε_s인 경우 경계면에 나타나는 분극전하는?

① $\dfrac{Q}{4\pi a^2}(1-\varepsilon_s)$
② $\dfrac{Q}{4\pi a^2}(\varepsilon_s - 1)$
③ $\dfrac{Q}{4\pi a^2}(1-\dfrac{1}{\varepsilon_s})$
④ $\dfrac{Q}{4\pi a^2}(\dfrac{1}{\varepsilon_s}-1)$

> 해설 7
> 분극 전하 밀도 = 분극의 세기
> $P = D(1-\dfrac{1}{\varepsilon_s})[C/m^2],\; D = \dfrac{Q}{4\pi a^2}[C/m^2]$
>
> [답] ③

8. 정전에너지, 전속밀도 및 유전상수 ϵ_r의 관계에 대한 설명 중 옳지 않은 것은?
  ① 동일 전속밀도에서는 ϵ_r이 클수록 정전에너지는 작아진다.
  ② 동일 정전에너지에서는 ϵ_r이 클수록 전속밀도가 커진다.
  ③ 전속은 매질에 축적되는 에너지가 최대가 되도록 분포된다.
  ④ 굴절각이 큰 유전체는 ϵ_r이 크다.

해설 8
정전에너지가 최소가 되도록 분포한다.

[답] ③

9. 두 유전체가 접했을 때 $\tan\theta_1/\tan\theta_2 = \epsilon_1/\epsilon_2$의 관계식에서 $\theta_1 = 0$일 때 다음 중에 표현이 잘못된 것은?
  ① 전기력선은 굴절하지 않는다.
  ② 전속 밀도는 불변이다.
  ③ 전계는 불연속이다.
  ④ 전기력선은 유전율이 큰 쪽에 모여진다.

해설 9
$\theta_1 = 0$이면, $\theta_2 = 0$가 되는데, 경계면과 수직이라는 뜻이다.
(1) 전속밀도는 경계면 양측에서 같고, 굴절하지 않는다.
(2) 전기력선은 경계면 양측에서 다르고, 굴절하지 않는다.
(3) 전기력선은 ε이 큰 쪽이 작다.

[답] ④

10. 두 유전체의 경계면에 대한 설명 중 옳지 않은 것은?
   ① 전계가 경계면에 수직으로 입사하면 두 유전체 내의 전계의 세기가 같다.
   ② 경계면에 작용하는 맥스웰 변형력은 유전율이 큰 쪽에서 작은 쪽으로 끌려가는 힘을 받는다.
   ③ 유전율이 작은 쪽에서 전계가 입사할 때 입사각은 굴절각보다 작다.
   ④ 전계나 전속 밀도가 경계면에 수직 입사하면 굴절하지 않는다.

   해설 10
   유전율이 큰 쪽이 전계의 세기가 작다.

   [답] ①

11. 유전체에 작용하는 힘과 관련된 사항으로 전계 중의 두 유전체가 경계면에서 받는 변형력을 무엇이라 하는가?
   ① 쿨롱의 힘
   ② 맥스웰의 응력
   ③ 톰슨의 응력
   ④ 볼타의 응력

   해설 11
   맥스웰의 응력은 ϵ이 작은 쪽으로 향한다.

   [답] ②

12. Condenser에 대한 설명 중 옳지 않은 것은?
   ① 콘덴서는 두 도체 간 정전용량에 의하여 전하를 축적시키는 장치이다.
   ② 가능한 한 많은 전하를 축적하기 위하여 도체간의 간격을 작게 한다.
   ③ 두 도체간의 절연물은 절연을 유지할 뿐이다.
   ④ 두 도체간의 절연물은 도체간 절연은 물론 정전용량의 값을 증가시키기 위함이다.

   해설 12
   $$Q = CV = \frac{\epsilon_0 \epsilon_s S}{d} V [C]$$
   절연물은 절연을 유지하면서 정전용량을 ϵ_s배로 크게 한다.

   [답] ③

13. 전계 E[V/m]가 두 유전체의 경계면에 평행으로 작용하는 경우 경계면의 단위 면적당 작용하는 힘 [N/m²]은? (단, ϵ_1, ϵ_2는 두 유전체의 유전율이다.)

① $f = \frac{1}{2}(\epsilon_1 - \epsilon_2)E^2$
② $f = E^2(\epsilon_1 - \epsilon_2)$
③ $f = \frac{1}{2E^2}(\epsilon_1 - \epsilon_2)$
④ $f = \frac{1}{E^2}(\epsilon_1 - \epsilon_2)$

해설 13

1) 전계가 기준인 경우 : $f = \frac{1}{2}\epsilon E^2 [\text{N/m}^2]$

2) 전속 밀도가 기준인 경우 : $f = \frac{D^2}{2\epsilon}[\text{N/m}^2]$

[답] ①

14. $\epsilon_1 > \epsilon_2$의 두 유전체의 경계면에 전계가 수직으로 입사할 때 경계면에 작용하는 힘은?

① $f = \frac{1}{2}(\frac{1}{\varepsilon_2} - \frac{1}{\varepsilon_1})D^2$의 힘이 ε_1에서 ε_2로 작용한다.

② $f = \frac{1}{2}(\frac{1}{\varepsilon_1} - \frac{1}{\varepsilon_2})E^2$의 힘이 ε_2에서 ε_1로 작용한다.

③ $f = \frac{1}{2}(\frac{1}{\varepsilon_1} - \frac{1}{\varepsilon_2})D^2$의 힘이 ε_2에서 ε_1로 작용한다.

④ $f = \frac{1}{2}(\frac{1}{\varepsilon_2} - \frac{1}{\varepsilon_1})E^2$의 힘이 ε_1에서 ε_2로 작용한다.

해설 14

수직이면 전속밀도가 기준이 되고, ε이 작은 쪽으로 향한다.

[답] ①

★★★★★

15. 유전체 내의 전계의 세기 E와 분극의 세기 P와의 관계를 나타내는 식은?

① $P = \varepsilon_0(\varepsilon_s - 1)E$
② $P = \varepsilon_0 \varepsilon_s E$
③ $P = \varepsilon_0(1 - \varepsilon_s)E$
④ $P = (1 - \varepsilon_s)E$

해설 15

$P = \varepsilon_0(\varepsilon_s - 1)E$
분극의 세기는 분극율과 전계의 세기를 곱하여 계산한다.

[답] ①

★★☆☆☆

16. 유전체에서 분극의 세기의 단위는?

① [C]   ② [C/m]   ③ [C/m^2]   ④ [C/m^3]

해설 16

분극의 세기는 분극 전하 밀도이므로 단위가 [C/m^2]이다.

[답] ③

★★☆☆☆

17. 유전체에서 전자 분극은 어떠한 이유에서 일어나는가?

① 단결정 매질에서 전자운과 핵의 상대적인 변위에 의한다.
② 화합물에서 +이온과 -이온 간의 상대적인 변위에 의한다.
③ 단결정에서 +이온과 -이온 간의 상대적인 변위에 의한다.
④ 영구 전기 쌍극자의 전계 방향의 배열에 의한다.

해설 17

전자 분극은 전자(-전기)들과 양자(+전기)들의 상대적인 변위이며 양자는 원자핵 속에 있다.

[답] ①

Chapter 04. 유전체

18. 다음 물질 중 비유전율이 가장 큰 것은?

① 산화티탄 자기　　　　② 종이
③ 운모　　　　　　　　④ 변압기 기름

해설 18

산화티탄 자기 : ϵ_s = 30 ~ 80,　종이 : ϵ_s = 1.2 ~ 2.6
운모 : ϵ_s = 2.5 ~ 6.6,　변압기 기름 : ϵ_s = 2.2 ~ 2.4

[답] ①

19. 절연유 (ϵ_s = 2.5)중의 도체 표면 밀도 3.5[μC/㎡]에 대한 전계는 공기 중인 경우의 몇 배가 되는가?

① 2.5　　② 3.5　　③ 1.0　　④ 0.4

해설 19

① 공기 : $E_0 = \dfrac{\sigma}{\epsilon_0}$[V/m]

② 절연유 : $E = \dfrac{\sigma}{\epsilon_0 \epsilon_s} = \dfrac{E_0}{\epsilon_s} = \dfrac{1}{2.5} E_0 = 0.4 E_0$[V/m]

[답] ④

20. 유전체(유전율 = 9) 내의 전계의 세기가 100[V/m]일 때 유전체 내에 저장되는 에너지 밀도[J/m³]는?

① 5.55×10^4　　② 4.5×10^4
③ 9×10^9　　　④ 4.05×10^5

해설 20

$W = \dfrac{1}{2} \epsilon E^2 = \dfrac{1}{2} \times 9 \times 100^2 = 4.5 \times 10^4$ [J/m³]

[답] ②

21. 공기 콘덴서를 100[V]로 충전한 다음 전극 사이에 유전체를 넣어 용량을 10배로 했다. 정전 에너지는 몇 배가 되는가?

① 1/10배 ② 10배 ③ 1/1000배 ④ 1000배

해설 21

충전한 다음은 전하 Q가 일정
$W = \dfrac{Q^2}{2C}$ [J], C가 10C로 증가하면 W는 $\dfrac{1}{10}$로 감소한다.

[답] ①

22. 유전율이 서로 다른 두 종류의 경계면에 전속과 전기력선이 수직으로 도달할 때 다음 설명 중 옳지 않은 것은?

① 전계의 세기는 연속적이다.
② 전속밀도는 불변이다.
③ 전속과 전기력선은 굴절하지 않는다.
④ 전속선은 유전율이 큰 유전체 중으로 모이려는 성질이 있다.

해설 22

전계의 세기는 불연속이다. 즉 유전율이 다른 경계면에서 값이 변한다.

[답] ①

23. 공기 중 두 점전하 사이에 작용하는 힘이 5[N]이었다. 두 전하사이에 유전체를 넣었더니 힘이 2[N]으로 되었다면 유전체의 비유전율은 얼마인가?

① 15 ② 10 ③ 5 ④ 2.5

해설 23

$\varepsilon_s = \dfrac{F_0}{F} = \dfrac{5}{2} = 2.5$

[답] ④

24. 평행판 콘덴서에 비유전율 ϵ_s인 유전체를 채웠을 때 엘라스턴스(elastance)가 아닌 것은?

① $\dfrac{d}{\epsilon_0 \epsilon_s S}$ 　　　　② $\dfrac{1}{C}$

③ $\dfrac{8.854 \times 10^{-12} \times d}{\epsilon_s S}$ 　　　　④ $\dfrac{V}{Q}$

해설 24
엘라스턴스는 정전용량의 역수이다. $\dfrac{1}{C} = \dfrac{V}{Q} \left[\dfrac{1}{F}\right]$

[답] ③

25. 간격 $d[m]$인 무한히 넓은 평행판의 단위 면적당 정전용량[F/m²]은 얼마가 되는가?

① ϵ_0/d 　　② ϵ_0/d^2 　　③ $\dfrac{1}{4\pi\epsilon_0 d}$ 　　④ $\dfrac{4\pi\epsilon_0}{d}$

해설 25
$S = 1\,[m^2]$이므로 $C = \dfrac{\epsilon_0}{d}[F]$

[답] ①

26. 정전용량이 C인 콘덴서의 극판 사이에 비유전율이 4인 유전체를 제거하여 공기로 하였을 때의 용량을 C_0라고 하면 C와 C_0의 관계는?

① $C = 4C_0$ 　　　　② $C = 2C_0$

③ $C = \dfrac{C_0}{4}$ 　　　　④ $C = \dfrac{C_0}{2}$

해설 26
$C = \varepsilon_s C_0$ 관계이다.

[답] ①

27. 내외 원통 도체의 반경이 각각 a, b인 동축 원통 콘덴서의 단위 길이당 정전용량 [F/m]은? (단, 원통 사이의 유전체의 비유전율은 ϵ_s이다.)

① $\dfrac{2\pi\epsilon_0\epsilon_s}{\ln\dfrac{b}{a}}$ ② $\dfrac{2\pi\epsilon_0}{\epsilon_s\ln\dfrac{b}{a}}$ ③ $\dfrac{4\pi\epsilon_0\epsilon_s}{\ln\dfrac{b}{a}}$ ④ $\dfrac{4\pi\epsilon_0}{\epsilon_s}\ln\dfrac{b}{a}$

해설 27

$C = \dfrac{2\pi\epsilon_0\epsilon_s}{\ln\dfrac{b}{a}}$ [F/m]

동축 원통 도체의 단위 길이의 정전용량이다.

[답] ①

28. 비유전율이 4이고 전계의 세기가 20[kV/m]인 유전체 내의 전속밀도 [$\mu C/m^2$]는?

① 0.708 ② 0.168 ③ 6.28 ④ 2.8

해설 28

$D = \epsilon_0 \epsilon_s E = 8.854 \times 10^{-12} \times 4 \times 10 \times 10^3 = 0.708 \times 10^{-6}$ [C/m²]

[답] ①

29. 반지름 a[m]인 도체구에 전하 Q[C]를 주었을 때 구 중심에서 r[m] 떨어진 구 밖 (r>a)의 전속 밀도 D[C/m²]는 얼마인가?

① $\dfrac{Q}{2\pi\epsilon r}$ ② $\dfrac{Q}{4\pi r^2}$

③ $\dfrac{Q}{4\pi\epsilon a^2}$ ④ $\dfrac{Q}{4\pi r}$

해설 29

전하밀도 = 전속밀도 = $\dfrac{전하}{면적} = \dfrac{Q}{4\pi r^2}$ [C/m²]

[답] ②

30. 유전체 내의 전속 밀도에 관한 설명 중 옳은 것은?
   ① 진전하만이다.
   ② 분극 전하만이다.
   ③ 겉보기 전하만이다.
   ④ 진전하와 분극 전하이다.

　해설 30
전하는 전속(선)이다.

[답] ①

31. 유전율 $\epsilon_0\epsilon_s$의 유전체 내에 전하 Q에서 나오는 전속선 총수는?
   ① Q/ϵ_s
   ② Q/ϵ_0
   ③ $Q/\epsilon_0\epsilon_s$
   ④ Q

　해설 31
전하 = 전속(선) = 유전속 = 패러데이관
전속(선) = Q(C),　전기력선 = $\dfrac{Q}{\epsilon_0\epsilon_s}$ [개]

[답] ④

32. 비유전율 10인 유전체 중의 전하 Q[C]에서 발산하는 전기력선 및 전속선은 공기 중인 경우에 각각 몇 배가 되는가?
   ① 10배, 10배
   ② 10배, 1배
   ③ 1/10배, 1/10배
   ④ 1/10배, 1배

　해설 32
전속은 진공이든 유전체중이든 관계없이 일정하고, 전기력선과 전계의 세기는 유전체 중에서 감소한다.

[답] ④

33. 동일 규격 콘덴서의 극판간에 유전체를 넣으면?
① 용량이 증가하고 극판간 전계는 감소한다.
② 용량이 증가하고 극판간 전계는 불변한다.
③ 용량이 감소하고 극판간 전계는 불변한다.
④ 용량이 불변하고 극판간 전계는 증가한다.

해설 33
정전용량은 증가하고 극판간 전계의 세기는 감소한다.

[답] ①

34. 평행판 콘덴서의 판 사이가 진공으로 되어 정전용량이 C_0인 콘덴서가 있다. 이 콘덴서에 유전체를 삽입하여 정전용량 C를 얻었다. 다음 중 틀린 것은?
① 유전체를 삽입한 콘덴서의 정전용량 C는 진공인 때의 정전용량 C_0보다 커진다.
② 삽입된 유전체 내의 전계는 판 간이 진공인 경우의 전계보다 강해진다.
③ 두 정전용량의 비 C/C_0는 유전체 종류에 따라 정해지는 상수이며, 비유전율이라 부른다.
④ 유전체의 분극도는 분극에 의하여 발생된 전하 밀도와 같다.

해설 34
유전체를 넣으면 전계는 감소한다.

[답] ②

35. 일정 전압을 가하고 있는 공기 콘덴서에 비유전율 ε_s인 유전체를 채웠을 때 일어나는 현상은?
① 극판의 전하량이 ε_s배 된다.
② 극판의 전하량이 $1/\varepsilon_s$배 된다.
③ 극판의 전계가 ε_s배 된다.
④ 극판의 전계가 $1/\varepsilon_s$배 된다.

해설 35
$Q = CV, \quad Q_s = \varepsilon_s CV$: 증가

[답] ①

36. 패러데이관에 관한 설명으로 옳지 않은 것은?
① 패러데이관은 진전하가 없는 곳에서 연속적이다.
② 패러데이관의 밀도는 전속 밀도보다 크다.
③ 진전하가 없는 점에서는 패러데이관이 연속적이다.
④ 패러데이관 양단에 정, 부의 단위 전하가 있다.

해설 36
전하밀도 = 전속밀도 = 패러데이관 밀도

[답] ②

37. 다음 식 중에서 틀린 것은?
① 유전체에 대한 Gauss의 정리의 미분형 $\text{div} D = -\rho$
② Poisson의 방정식 $\nabla^2 V = -\dfrac{\rho}{\epsilon_0}$
③ Laplace의 방정식 $\nabla^2 V = 0$
④ 발산 정리 $\iint_S A \cdot n dS = \iiint_V \text{div} A \cdot dv$

해설 37
$\text{div} D = \rho$

[답] ①

38. 전속 밀도 $D = x^2 i + y^2 j + z^2 k [\text{C/m}^2]$를 발생시키는 점(1, 2, 3)[m]에서의 공간 전하 밀도[C/m³]는?

① 14　　② 14×10^{-6}　　③ 12　　④ 12×10^{-6}

해설 38

$\rho = \nabla \cdot D = 2x + 2y + 2z$

(여기에 $x = 1, y = 2, z = 3$을 대입)

$= 2 + 4 + 6 = 12 [\text{C/m}^3]$

[답] ③

39. 공간 전하 밀도 $\rho[\text{C/m}^3]$를 가진 점의 전압이 $V[\text{V}]$, 전계의 세기가 $E[\text{V/m}]$일 때 공간 전체가 가진 에너지는 몇 [J]인가?

① $\frac{1}{2}\int_v E^2 dv$　　② $\frac{1}{2}\int_v \rho \, div D \, dv$

③ $\frac{1}{2}\int_v V \, div D \, dv$　　④ $\frac{1}{2}\int_v V(-grad V) dv$

해설 39

$W = \frac{1}{2}QV[\text{J}], \quad Q = \int_V \rho dv = \int_V div D \, dv [\text{C}]$

[답] ③

40. 비유전율 ϵ_s에 대한 설명으로 옳은 것은?

① 진공의 비유전율은 0이고, 공기의 비유전율은 1이다.
② ϵ_s는 항상 1보다 작은 값이다.
③ ϵ_s는 절연물의 종류에 따라 다르다.
④ ϵ_s의 단위는 [C/m]이다.

해설 40

진공의 $\epsilon_s = 1$, 공기 $\epsilon_s = 1.000586 ≒ 1$, 절연물 = 유전체 $\epsilon_s > 1$
비유전율의 단위는 없다.

[답] ③

41. 유전체 중의 전계의 세기를 E, 유전율을 ϵ이라 하면 전기 변위는?

① $\dfrac{\epsilon}{E}$ ② $\dfrac{E}{\epsilon}$ ③ ϵE^2 ④ ϵE

> **해설 41**
> $D = \epsilon E [\text{C}/\text{m}^2]$

[답] ④

42. 전기석과 같은 결정체를 냉각시키거나 가열시키면 전기 분극이 일어난다. 이와 같은 것을 무엇이라 하는가?
① 압전기 현상 (Piezoelectric phenomena)
② Pyro 전기 (Pyro electricity)
③ 톰슨 효과 (Thomson effect)
④ 강유전성 (ferroelectric effect)

> **해설 42**
> Pyro 전기는 전기석을 냉각시키거나 가열시키면 전기 분극이 일어난다.

[답] ②

43. 다음 유전체 중 비유전율이 가장 큰 것은?
① 공기 ② 운모
③ 파라핀 ④ 티탄산바륨

> **해설 43**
> 운모 $\epsilon_s = 2.5 \sim 6.6$, 파라핀 $\epsilon_s = 2.1 \sim 2.5$,
> 티탄산바륨 $\epsilon_s = 1{,}500 \sim 2{,}000$

[답] ④

44. 패러데이관의 설명 중 틀린 것은?

① +1[C]의 진전하에 -1[C]의 진전하로 끝나는 1개의 관으로 가정한다.
② 관의 양끝에는 정, 부의 단위 진전하가 있다.
③ 관의 밀도는 전속밀도와 동일하다.
④ 관속에 있는 전속 수는 진전하가 있으면 일정하고 연속이다.

해설 44

패러데이관속의 전속 수는 진전하가 없으면 일정하다.

[답] ④

45. 전압이 가해진 유전체 중에 공기의 기포가 있으면 유전체의 절연면에서 극히 나쁜데 그 정도가 유전체의 유전율 ϵ에 대하여 맞는 것은?

① ϵ이 크면 약하다. ② ϵ이 크면 심하다.
③ ϵ에 관계없다.   ④ 기포에 관계없다.

해설 45

기포의 전계의 세기 $E_0 = \dfrac{3\epsilon}{2\epsilon + \epsilon_0} E = \dfrac{3\epsilon_s}{2\epsilon_s + 1} E [\text{V/m}]$

ϵ_s이 큰 유전체일수록 E_0는 증가한다.

[답] ②

MEMO

Chapter 05

전기 영상법

01. 전기 영상법
02. 영상 전하와 전기력
- 적중실전문제

Chapter 05 전기 영상법

01 전기 영상법

전기 영상법은 전위가 0인 무한 평면도체와 점전하, 무한 평면도체와 선전하, 접지 구도체와 점전하 사이의 정전유도 전하를 가상의 점전하 및 가상의 선 전하인 영상 전하로 놓고 전기력, 전계, 전위 등을 구하는 해법이다.

전기쌍극자 중심에 전기쌍극자축과 수직으로 평면도체를 놓으면 평면도체의 전위는 0이 된다. 따라서 전위가 0인 평면도체와 전기쌍극자의 한 쪽 점전하가 있는 상태로 생각할 수 있다.

02 영상 전하와 전기력

1) 무한 평면도체와 점전하

무한 평면 도체와 수직거리 a인 곳에 점전하 +Q[C]이 놓인 경우, 영상 전하는 -Q[C]이고, 위치는 점전하 Q[C]과 반대편 대칭점이며, 무한 평면 도체에서 a인 곳이다.

따라서 점전하와 영상 전하 사이 거리는 2a이다.

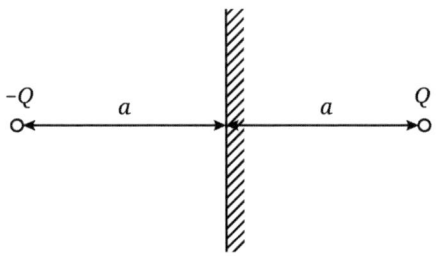

〈무한 평면도체와 점전하〉

(1) 무한 평면 도체와 점전하 사이 전기력은 다음과 같다.

$$F = \frac{-Q^2}{4\pi\varepsilon(2a)^2} = \frac{-Q^2}{16\pi\varepsilon a^2}[\text{N}]$$ 이며, -는 흡인력을 의미한다.

(2) 무한 평면 도체 표면에 유도되는 최대 면전하 밀도는 다음과 같다.

최대 면전하 밀도 $\sigma_m = -\dfrac{Q}{2\pi a^2}[\text{C}/\text{m}^2]$ 이다.

전하밀도 = 전속밀도 = 진공의 유전율 × 전계의 세기

전하밀도 크기 $\sigma_m = D = \varepsilon_0 E = \varepsilon_0 \dfrac{Q}{4\pi\varepsilon_0 a^2} \times 2 = \dfrac{Q}{2\pi a^2}[\text{C}/\text{m}^2]$

점전하가 +전하이므로 무한 평면 도체표면에 유도되는 면전하 밀도는 -전하이다. 따라서 위의 식에 -를 붙인다.

$\sigma_m = -\dfrac{Q}{2\pi a^2}[\text{C}/\text{m}^2]$

2) 무한 평면 도체와 선전하

선전하 밀도가 $\rho_L[\text{C}/\text{m}]$인 무한장 직선 도체가 무한 평면 도체와 $a[\text{m}]$ 떨어져 있으면 영상 전하와 전기력은 다음과 같다.

(1) 영상 전하는 $-\rho_L[\text{C}/\text{m}]$이며, 선전하 밀도 $\rho_L[\text{C}/\text{m}]$과 영상 전하 사이의 거리는 $2a[\text{m}]$이다.

(2) 무한 평면 도체와 선전하 사이 전기력은 전계 중에서 전하가 받는 힘으로 구한다.

$$F = -\rho_L E = -\dfrac{\rho_L^2}{2\pi\epsilon(2a)} = -\dfrac{\rho_L^2}{4\pi\epsilon a} = -\dfrac{\rho_L^2}{4\pi\varepsilon_o\varepsilon_s a}[\text{N}/\text{m}]$$
$$= -9 \times 10^9 \times \dfrac{\rho_L^2}{\epsilon_s a}[\text{N}/\text{m}]$$

3) 접지 도체구와 점전하

그림과 같이 접지 도체구에 유도되는 영상 전하와 그 위치는 다음과 같다.

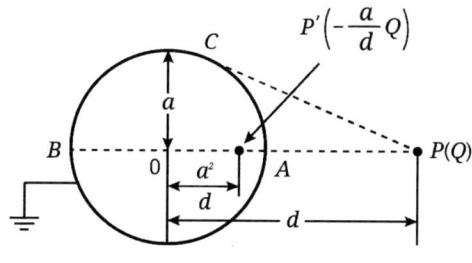

〈접지 구도체와 점전하〉

(1) 영상 전하는 $-\dfrac{a}{d}Q[\text{C}]$이다.

(2) 영상 전하의 위치는 도체구 중심에서 $\dfrac{a^2}{d}$인 곳이다.

(3) 접지 도체구와 점전하 사이의 전기력은 다음과 같다.
$$F = \dfrac{Q'Q}{4\pi\epsilon_0 r^2} = -\dfrac{adQ^2}{4\pi\epsilon_0(d^2-a^2)^2}[\text{N}]$$

여기서, 영상 전하 $Q' = -\dfrac{a}{d}Q[\text{C}]$이다.

영상 전하와 점전하 사이의 거리는 $r = d - \dfrac{a^2}{d} = \dfrac{d^2-a^2}{d}[\text{m}]$이다.

예제 1

점전하 Q[C]에 의한 무한 평면 도체의 영상 전하는?
① -Q[C]보다 작다.　　② Q[C]보다 크다.
③ -Q[C]과 같다.　　　④ Q[C]과 같다.

【해설】
영상 전하는 점전하와 크기는 같고, 부호는 반대이다.

[답] ③

예제 2

접지 구도체와 점전하 간의 작용력은?
① 항상 반발력이다.
② 항상 흡인력이다.
③ 조건적 반발력이다.
④ 조건적 흡인력이다.

【해설】
유도전하는 부호가 반대이다. 따라서 항상 흡인력이다.

[답] ②

Chapter 05. 전기 영상법

적중실전문제

1. 점전하 Q[C]에 의한 무한 평면 도체의 영상 전하는?
  ① -Q[C]보다 작다. ② Q[C]보다 크다.
  ③ -Q[C]과 같다. ④ Q[C]과 같다.

> **해설 1**
> 영상 전하는 점전하와 크기는 같고, 부호는 반대이다.

[답] ③

2. 무한 평면 도체로부터 거리 a[m]인 곳에 점전하 Q[C]이 있을 때 이 무한 평면 도체 표면에 유도되는 면밀도가 최대인 점의 전하 밀도는 몇 [C/m²]인가?
  ① $-\dfrac{Q}{2\pi a^2}$ ② $-\dfrac{Q^2}{4\pi a^2}$ ③ $-\dfrac{Q}{\pi a^2}$ ④ 0

> **해설 2**
> 1) 전하밀도 = 전속밀도
>   점전하와 영상 전하 중간점의 전계의 세기를 구하여 전하밀도를 구한다.
> $\sigma = D = \epsilon_0 E = \epsilon_0 \times \dfrac{Q}{4\pi\epsilon_0 a^2} \times 2 = \dfrac{Q}{2\pi a^2}$ [C/m²]
> 2) 유도 전하는 (-)전하이므로 $\sigma = -\dfrac{Q}{2\pi a^2}$ [C/m²] 이다.

[답] ①

3. 무한 평면 도체로부터 거리 a[m]인 곳에 점전하 Q[C]이 있을 때 Q[C]과 무한 평면 도체간의 작용력[N]은? 공간 매질의 유전율은 ε[F/m]이다.
  ① $\dfrac{Q^2}{2\pi\epsilon_0 a^2}$ ② $\dfrac{-Q^2}{16\pi\epsilon_0 a^2}$ ③ $\dfrac{Q^2}{4\pi\epsilon a^2}$ ④ $\dfrac{Q^2}{16\pi\epsilon a^2}$

> **해설 3**
> 점전하 Q[C]과 영상 전하 -Q[C]이 2a[m] 떨어져 있다. 매질의 유전율은 ε[F/m]이다.
> $F = \dfrac{1}{4\pi\epsilon} \dfrac{-Q^2}{(2a)^2} = \dfrac{-Q^2}{16\pi\epsilon a^2}$ [N]
> 문제에서 작용력[N]의 크기를 구한다. 방향은 고려하지 않는다.

[답] ④

★★☆☆☆

4. 질량이 10^{-3}[kg]인 작은 물체가 전하 Q[C]을 가지고 무한 도체 평면 아래 2×10^{-2}[m]에 있다. 전기 영상법을 이용하여 정전력이 중력과 같게 되는데 필요한 Q의 값[C]은?

① 약 2.5×10^{-8}
② 약 3.2×10^{-8}
③ 약 4.2×10^{-8}
④ 약 5.0×10^{-8}

해설 4

$$\frac{Q^2}{16\pi\varepsilon_0 r^2} = mg \,[\text{N}]$$

$Q = \sqrt{mg \times 16\pi\epsilon_0} \times r = \sqrt{10^{-3} \times 9.8 \times 16 \times \pi \times 8.854 \times 10^{-12}} \times 2 \times 10^{-2} = 4.18 \times 10^{-8}$[C]

여기서, $m = 10^{-3}$[kg], $g = 9.8$[m/s²], $r = 2 \times 10^{-2}$[m]이다.

[답] ③

★★☆☆☆

5. 그림과 같이 무한 평면 도체로부터 수직 거리 a[m]인 곳에 점전하 Q[C]이 있다. 점전하 Q[C]으로부터 r[m] 떨어진 점 (0,y)의 전위[V]는?

① 0

② $\dfrac{Q}{4\pi\epsilon_0}\left(\dfrac{1}{\sqrt{a^2 + x^2}}\right)$

③ $\dfrac{Q}{4\pi\epsilon_0}\left(\dfrac{1}{\sqrt{a^2 + x^2}} + \dfrac{1}{\sqrt{a^2 - x^2}}\right)$

④ $\dfrac{Q}{4\pi\epsilon_0}\left(\dfrac{1}{\sqrt{a^2 + y^2}} + \dfrac{1}{\sqrt{a^2 + y^2}}\right)$

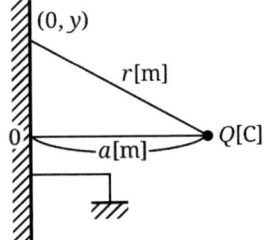

해설 5

무한 평면 도체의 전위는 0이다.

[답] ①

6. 그림과 같이 무한 도체판으로부터 a[m] 떨어진 점에 +Q[C] 점전하가 있을 때 $\frac{1}{2}$a[m]인 P점의 전계의 세기[V/m]는?

① $\dfrac{10Q}{\pi\epsilon_0 a^2}$ 　　② $\dfrac{10Q}{9\pi\epsilon_0 a^2}$

③ $\dfrac{Q}{9\pi\epsilon_0 a^2}$ 　　④ $\dfrac{8Q}{9\pi\epsilon_0 a^2}$

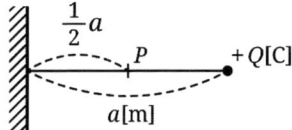

해설 6

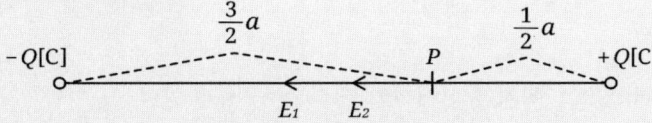

영상법을 이용하면 E_1, E_2는 같은 방향이다.
그러므로, 두 전계의 세기의 합이다.

$$E = \frac{Q}{4\pi\epsilon_0(\frac{1}{2}a)^2} + \frac{Q}{4\pi\epsilon_0(\frac{3}{2}a)^2} = \frac{Q}{\pi\epsilon_0 a^2} + \frac{Q}{9\pi\epsilon_0 a^2} = \frac{10Q}{9\pi\epsilon_0 a^2} [\text{V/m}]$$

[답] ②

7. 반지름 a[m]인 접지 도체구 중심으로부터 d[m](>a)인 곳에 점전하 Q[C]이 있으면 구도체에 유도되는 전하량[C]은?

① $-\dfrac{a}{d}Q$ 　　② $\dfrac{a}{d}Q$

③ $-\dfrac{d}{a}Q$ 　　④ $\dfrac{d}{a}Q$

해설 7

구도체에 유도되는 전하 $-\dfrac{a}{d}Q$[C]이다.

[답] ①

★★★★★

8. 반지름 a인 접지 도체구의 중심에서 d(>a)되는 곳에 점전하 Q가 있다. 구도체에 유도되는 영상 전하 및 그 위치(중심에서의 거리)는 각각 얼마인가?

① $+\frac{a}{d}Q$ 이며 $\frac{a^2}{d}$ 이다.

② $-\frac{a}{d}Q$ 이며 $\frac{a^2}{d}$ 이다.

③ $+\frac{d}{a}Q$ 이며 $\frac{a^2}{d}$ 이다.

④ $-\frac{d}{a}Q$ 이며 $\frac{a^2}{d}$ 이다.

해설 8

구도체에 유도되는 영상 전하 및 그 위치(중심에서의 거리)는 $-\frac{a}{d}Q$ 이며 $\frac{a^2}{d}$ 이다.

[답] ②

★★★

9. 접지 구도체와 점전하 간의 작용력은?
① 항상 반발력이다.
② 항상 흡인력이다.
③ 조건적 반발력이다.
④ 조건적 흡인력이다.

해설 9

유도전하는 부호가 반대이다.

[답] ②

10.
그림과 같이 접지된 반지름 a[m]의 도체구 중심 0에서 d[m]떨어진 점 A에 Q[C]의 점전하가 존재할 때 A'점에 Q'의 영상 전하를 생각하면 구도체와 점전하 간의 작용하는 힘[N]은?

① $F = \dfrac{QQ'}{4\pi\epsilon_0\left(\dfrac{d^2-a^2}{d}\right)}$

② $F = \dfrac{QQ'}{4\pi\epsilon_0\left(\dfrac{d}{d^2-a^2}\right)}$

③ $F = \dfrac{QQ'}{4\pi\epsilon_0\left(\dfrac{d^2+a^2}{d}\right)^2}$

④ $F = \dfrac{QQ'}{4\pi\epsilon_0\left(\dfrac{d^2-a^2}{d}\right)^2}$

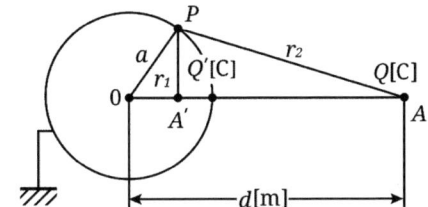

해설 10
영상 전하의 위치는 구중심 0점에서 $\dfrac{a^2}{d}$ 인 곳인 A'점이다.

점전하 Q와 영상 전하 Q'의 거리는 $d - \dfrac{a^2}{d} = \dfrac{d^2-a^2}{d}$ 이다.

[답] ④

11.
대지면에 높이 h[m]로 평행 가설된 매우 긴 선전하가 지면으로부터 단위 길이당 받는 힘 [N/m]은? 단, 선전하 밀도 ρ_L[C/m]라 한다.

① $-18 \times 10^9 \dfrac{\rho_L^2}{h}$

② $-18 \times 10^9 \dfrac{\rho_L}{h}$

③ $-9 \times 10^9 \dfrac{\rho_L^2}{h}$

④ $-9 \times 10^9 \dfrac{\rho_L}{h}$

해설 11
선전하 밀도의 전계의 세기를 구하고 여기에 영상 전하가 있다.
전하가 전계 중에서 받는 전기력을 구한다.

$F = -\rho_L E = -\rho_L \cdot \dfrac{\rho_L}{2\pi\epsilon_0 (2h)}$

$= -\dfrac{\rho_L^2}{4\pi\epsilon_o h}$ [N/m] $= -9 \times 10^9 \dfrac{\rho_L^2}{h}$ [N/m]

[답] ③

12. 반지름이 0.01[m]인 구도체를 접지시키고 중심으로부터 0.1[m]의 거리에 10[μC]의 점전하가 있을 때 영상 전하는 몇 [μC]인가?

① 0   ② -0.1
③ -1   ④ +10

해설 12

영상 전하 $-\dfrac{a}{d}Q = -\dfrac{0.01}{0.1} \times 10 = -1[\mu C]$

[답] ③

13. 무한 평면도체 표면에서 진공내 d[m]의 거리에 점전하 Q[C]이 있을 때, 이 전하를 무한 원점까지 운반하는데 요하는 일[J]은 얼마인가?

① $9 \times 10^9 \times \dfrac{Q^2}{d}$ ② $4.5 \times 10^9 \times \dfrac{Q^2}{d}$

③ $3 \times 10^9 \times \dfrac{Q^2}{d}$ ④ $2.25 \times 10^9 \times \dfrac{Q^2}{d}$

해설 13

1) 무한 평면도체와 점전하 사이 힘은 흡인력이다.
$$F = \dfrac{-Q^2}{4\pi\epsilon_0 (2d)^2} = \dfrac{-Q^2}{16\pi\epsilon_0 d^2}[N]$$

2) 무한 원점으로 운반하는 방향은 흡인력과 반대 방향이다.
$$W = \int_d^\infty \dfrac{Q^2}{16\pi\epsilon_0 r^2} dr = \dfrac{Q^2}{16\pi\epsilon_0 d} = 2.25 \times 10^9 \times \dfrac{Q^2}{d}[J]$$

[답] ④

14. 전기 영상법에 대해서 옳지 않은 것은?

① 무한도체평면 S와 점전하 q가 대립되어 있을 때의 문제를 점전하 +q와 영상 전하 -q가 대립되어 있는 문제로 풀 수 있다.
② +q, -q인 점전하가 대립되어 있을 때의 문제를 점전하 +q와 무한도체평면 S가 대립되어 있을 때의 문제로 풀 수 있다.
③ 무한도체평면에 대한 점전하와 그 영상 전하는 항상 전하량이 같고 부호가 반대이다.
④ 접지 도체구에 관한 점전하와 그 영상 전하는 항상 전하량이 같고 부호가 반대이다.

해설 14
접지 도체구에 관한 점전하와 그 영상 전하는 부호가 반대이고 전하량은 다르다.

[답] ④

15. 무한 평면도체에서 r[m] 떨어진 곳에 ρ[C/m]의 전하분포를 갖는 직선 도체를 놓았을 때 직선도체가 받는 힘의 크기[N/m]는? (단, 공간의 유전율은 ϵ_0이다.)

① $\dfrac{\rho^2}{\epsilon_0 r}$ ② $\dfrac{\rho^2}{\pi \epsilon_0 r}$

③ $\dfrac{\rho^2}{2\pi \epsilon_0 r} \dfrac{\rho^2}{\epsilon_0 r}$ ④ $\dfrac{\rho^2}{4\pi \epsilon_0 r}$

해설 15
선전하 밀도 ρ[C/m]의 전계의 세기를 구하고 여기에 영상 전하 $-\rho$[C/m]가 있으면 전하가 전계 중에 받는 전기력을 구한다.

$$F = -\rho E = -\rho \cdot \dfrac{\rho}{2\pi \epsilon_0 (2r)}$$

$$= -\dfrac{\rho^2}{4\pi \epsilon_o r} [\text{N/m}]$$

여기서 -는 흡인력을 의미한다.

[답] ④

16. 그림과 같이 무한평면 도체 앞 a[m] 거리에 점전하 Q[C]가 있다. 점 0에서 x[m]인 P점의 전하밀도 σ[C/m²]는?

① $\dfrac{Q}{4\pi} \cdot \dfrac{a}{(a^2+x^2)^{\frac{3}{2}}}$

② $\dfrac{Q}{2\pi} \cdot \dfrac{a}{(a^2+x^2)^{\frac{3}{2}}}$

③ $\dfrac{Q}{4\pi} \cdot \dfrac{a}{(a^2+x^2)^{\frac{2}{3}}}$

④ $\dfrac{Q}{2\pi} \cdot \dfrac{a}{(a^2+x^2)^{\frac{2}{3}}}$

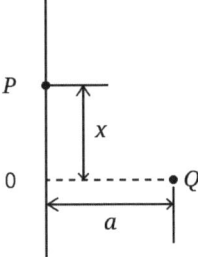

해설 16

1) P점의 전계의 세기는 점전하 Q(C)과 영상 전하 $-Q$(C)에 의한 전계의 세기 벡터합이다.

2) $E = \dfrac{Q}{4\pi\epsilon_0 r^2}\cos\theta \times 2 = \dfrac{aQ}{2\pi\epsilon_0 r^3}$ [V/m], $r = \sqrt{a^2+x^2} = (a^2+x^2)^{\frac{1}{2}}$,

$E = \dfrac{aQ}{2\pi\epsilon_0(a^2+x^2)^{\frac{3}{2}}}$

3) 전하밀도 $|\sigma| = \epsilon_0 E = \dfrac{Q}{2\pi} \cdot \dfrac{a}{(a^2+x^2)^{\frac{3}{2}}}$ [C/m²]

[답] ②

Chapter 06

전류

01. 전류와 옴(Ohm)의 법칙

02. 전기저항

03. 저항의 접속, 저항의 합성

04. 전지와 전지의 접속

05. 연속 도체내의 전류

06. 전력과 주울열

07. 열전현상

08. 홀 효과(Hall Effect)

09. 저항과 정전 용량

- 적중실전문제

Chapter 06 전류

01 전류와 옴(Ohm)의 법칙

1) 전류

(1) 전류는 전하의 이동이다.

$$I = \frac{Q}{t} [A]$$

I : 전류[A], Q : 전하[C], t : 시간[s]

1[A]는 1[s] 동안에 1[C]의 전하가 이동할 때의 전류의 크기이다.
1[A] = 1[C/s]

(2) 전류밀도는 전류가 흐르는 전선의 수직단면적으로 전류를 나눈 것이다. 단위 면적당의 전류크기이다.

$$i = \frac{I}{S} [A/m^2] = kE = nev [A/m^2]$$

여기서, I : 전류[A] $\quad e$: 전자의 전하[C]
S : 수직단면적[m^2] $\quad n$: 단위체적당 전자의 수[개/m^3]
i : 전류 밀도[A/m^2] $\quad E$: 전계의 세기[V/m]
k : 도전율[℧/m] $\quad v$: 전자의 이동 속도[m/s]

2) 옴(Ohm)의 법칙

도선의 두 점 사이 전위차가 $V[V]$이고, 전기저항이 $R[\Omega]$인 경우 전류 $I[A]$가 흐른다면 전류는 전위차에 비례하고 전기저항에 반비례한다. 전위차는 전압이다.

$$I = \frac{V}{R} [A]$$

예제 1

전자가 매초 10^{10}개의 비율로 전선 내를 통과하면 이것은 몇 [A]의 전류에 상당한가? (단, 전기량은 1.602×10^{-19}[C]이다.)

① 1.602×10^{-9}　　　② 1.602×10^{-29}

③ $\frac{1}{1.602} \times 10^{-9}$　　　④ $\frac{1}{1.602} \times 10^{-29}$

【해설】

$$I = \frac{Q}{t} = \frac{ne}{t} = \frac{10^{10} \times 1.602 \times 10^{-19}}{1} = 1.602 \times 10^{-9} [A]$$

[답] ①

02 전기저항

1) 전기저항
   (1) 전기저항은 전류의 흐름을 방해하는 것으로 고유저항에 비례하고, 도선의 길이에 비례하며 도선의 단면적에 반비례한다.

   $$R = \rho \frac{l}{S} [\Omega]$$

   여기서, $l[m]$: 도선의 길이
   $S[m^2]$: 도선의 단면적
   $\rho[\Omega \cdot m]$: 고유저항, 저항률, 비저항

   (2) 고유저항은 가로, 세로, 높이가 1[m]인 정육면체의 두 면 사이의 저항값으로 재료, 온도 등으로 정해진다.

   $$R = \rho \frac{l}{S} [\Omega]$$

   $$\rho = \frac{RS}{l} \left[\frac{\Omega \cdot m^2}{m} = \Omega \cdot m \right]$$

금속의 고유저항과 저항온도계수 20[℃]

금 속	$\rho(\times 10^{-8}[\Omega \cdot m])$	α_{20}	비 고
은	1.62	0.0038	길이 1[m], 단위면적 1[mm²]의 연동선의 저항 : $\frac{1}{58}[\Omega \cdot mm^2/m]$ 경동선의 저항 : $\frac{1}{55}[\Omega \cdot mm^2/m]$ 알루미늄선의 저항 : $\frac{1}{35}[\Omega \cdot mm^2/m]$
구 리	1.69	0.00393	
금	2.40	0.0034	
알루미늄	2.62	0.0039	
텅 스 텐	5.48	0.0045	
아 연	6.1	0.0037	
철	10.1	0.0050	
백 금	10.5	0.003	
망 가 닌	35 ~ 100	0.00001	
니 크 롬	100 ~ 110	0.0002	
서미스터		-0.04	

(3) 컨덕턴스 (conductance)
저항의 역수를 컨덕턴스라 한다.
$$G = \frac{1}{R}[\mho]$$
[℧] : mho 모오, [S] : 지이멘스

(4) 도전율
고유 저항의 역수를 도전율이라 한다.
$$k = \frac{1}{\rho}[\mho/m], [S/m]$$

(5) $R = \rho\frac{l}{S} = \frac{l}{kS}[\Omega]$

03 저항의 접속, 저항의 합성

1) 저항의 직렬접속
각 저항의 합으로 계산한다.
$$R = R_1 + R_2 + \cdots R_n [\Omega]$$

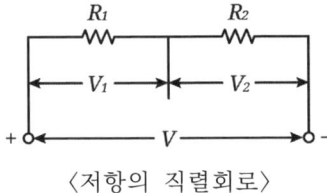

〈저항의 직렬회로〉

2) 저항의 병렬접속
각 저항의 역수의 합의 역수로 계산한다.
$$R = \frac{1}{\frac{1}{R_1} + \frac{1}{R_2} + \cdots \frac{1}{R_n}}[\Omega]$$

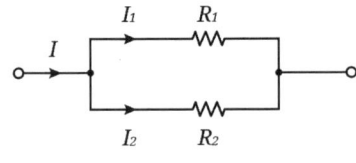

〈저항의 병렬회로〉

04 전지와 전지의 접속

1) 전지와 기전력

전지는 화학 작용에 의하여 양극 간에 기전력을 발생하는 장치이다.
전지도 저항을 가지므로 그것을 내부 저항이라 한다.
기전력을 $E[V]$, 내부 저항을 $r[\Omega]$이라 하면 전류 $I[A]$가 흐를 때
단자 전압은 $V = E - Ir[V]$이다.

$$I = \frac{E}{r+R}[A], \quad I = \frac{V}{R}[A]$$

여기서, $R[\Omega]$은 부하 저항이다.

2) 전지의 접속

기전력 $E[V]$, 내부 저항 $r[\Omega]$인 같은 전지가 있을 때 전지 p를 직렬로 q개를 병렬로 연결하면 전체 기전력은 $pE[V]$, 전 내부 저항은 $\frac{pr}{q}[\Omega]$이 되며, 여기에 저항 $R[\Omega]$을 연결하면, 이때에 흐르는 전류는 $I = \frac{pE}{R + pr/q}[A]$이다.

예제 2

2[A]의 전류가 흐를 때 단자 전압이 1.4[V], 또 3[A]의 전류가 흐를 때 단자 전압이 1.1[V]라고 한다. 이 전지의 기전력[V] 및 내부 저항[Ω]은?

① 2, 0.3   ② 3, 0.8   ③ 4, 1.3   ④ 6, 2.8

【해설】
$E = V + rI[V], \quad 1.4 + 2r = 1.1 + 3r$
$\therefore r = 0.3[\Omega], \quad E = 2[V]$

[답] ①

05 연속 도체내의 전류

1) 연속 도체란 전류가 계속 흐르고 있는 도체를 의미한다.

도전율 $k\,[℧/m]$인 도체 내에서 전계의 세기 $E\,[V/m]$, 전류 밀도를 $i\,[A/m^2]$라 하면 다음과 같다.

$i = nev = kE\,[A/m^2]$,

$\qquad nev = ne\mu E,\ k = ne\mu\,[℧/m]$

n은 전자밀도$[개/m^3]$이고, μ는 전자의 이동도 $[m^2/V\cdot s]$이다.

2) 전류의 발산

 (1) 고립 도체

 $div\,i = -\dfrac{d\rho}{dt}$, 여기서 $\rho\,[C/m^3]$는 체적 전하 밀도이다.

 (2) 연속 도체

 $div\,i = 0$

 전류의 발산이 없다. 전류가 일정하게 흐른다.

06 전력과 주울열

1) 전력

단위 시간당 전기에너지를 전력이라 한다.

$V[V]$사이에서 전기량 $Q[C]$가 운반될 때 $W = QV[J]$의 일을 한다.

전위차 $V[V]$에서 전류 $I[A]$가 흐를 때 단위 시간에 하는 일을 P라 하면 다음과 같이 계산한다.

$P = \dfrac{dW}{dt} = \dfrac{dQ}{dt}V[W],\ \dfrac{dQ}{dt} = I[A]$

$P = VI[W]$가 된다. P를 전력이라 하며,

단위는 $1[W] = 1[V\cdot A] = 1[J/s]$이다.

2) 동력

단위 시간에 하는 일을 동력이라 한다.
단위는 [W]이다.

3) 전력량과 열량

P[W]의 부하가 시간 t[h]간에 하는 일은 Pt[Wh]가 된다.
이것을 전력량이라 한다.

$$1[\text{Wh}] = 1 \times 3{,}600[\text{Ws}], [\text{J}]$$
$$1[\text{cal}] = 4.186[\text{J}] = 4.186[\text{Ws}]$$
$$1[\text{kWh}] = 10^3 \times 3{,}600[\text{J}] = 860[\text{kcal}]$$

열량 $H = 0.24RI^2t = 0.24 \times \dfrac{V^2}{R}t[\text{cal}]$

예제 3

500[W]의 온수기로 20[℃]의 물 2[ℓ]를 100[℃]까지 높이는 데 약 몇 분이 소요되는가? 단, 온수기의 효율은 80[%]라 한다.

① 25　　　　② 28　　　　③ 32　　　　④ 35

【해설】
1) 1[kWh] = 860[kcal]
2) 필요한 열량 = 2(100 - 20) = 160[kcal]
   공급 열량 = 0.5T × 860 × 0.8 = 160[kcal]
   　　　　　∴ T = 0.465[h]
   　　　　　　T × 60 = 27.9[분]

[답] ②

07 열전현상

1) 펠티에 효과(Peltier effect)
두 가지 금속의 접속점을 통하여 전류가 흐를 때 접속점에 주울열 이외의 발열 또는 흡열이 일어나는 현상이다.

2) 톰슨 효과(Thomson effect)
동일 금속이라도 부분적으로 온도가 다른 금속선에 전류를 흘리면 온도 구배가 있는 부분에 주울열 이외의 발열 또는 흡열이 일어나는 현상이다.

3) 제벡 효과(Seebeck effect)
두 종류의 금속을 루우프 상으로 이어서 두 접속점을 다른 온도로 유지하면, 이 회로에 전류가 흐른다. 이것을 열전류, 이와 같이 연결한 금속의 루우프를 열전대라고 하며, 이 현상을 제벡 효과(Seebeck effect)라 한다.
열전능은 온도 변화에 대한 기전력의 변화율이다.

예제 4

두 종류의 금속으로 된 회로에 전류를 통하면 각 접속점에서 열의 흡수 또는 발생이 일어나는 현상은?
① 톰슨 효과　　② 제벡 효과　　③ 볼타 효과　　④ 펠티어 효과

【해설】
두 가지 금속의 접속점을 통하여 전류가 흐를 때 접속점에 주울열 이외의 발열 또는 흡열이 일어나는 현상이다.

[답] ④

---

08 홀 효과(Hall Effect)

전류가 흐르고 있는 홀소자에 직각방향으로 자계를 가하면 홀소자 측면에 정(+)전하와 부(-)전하가 나타나는 현상이다.

09 저항과 정전 용량

두 평행 도체판 A, B간에 고유저항 $\rho[\Omega \cdot m]$ 또는 도전율 $k[\mho/m]$인 매질을 채워 그 사이에 정상 전류를 흘렸을 때의 전기저항을 $R[\Omega]$이라 하고 도체판 A, B간에 유전율 $\epsilon[F/m]$의 유전체를 넣을 때 정전 용량을 C[F]라 하면 다음과 같은 관계식이 된다.
여기서, 두 도체판 간격은 d[m]이다.

1) $R = \rho \dfrac{d}{S}[\Omega]$, $C = \dfrac{\epsilon S}{d}[F]$
2) $RC = \rho\epsilon$
3) $R = \dfrac{\rho\epsilon}{C}[\Omega]$

예제 5
반지름 a[m]의 반구형 도체를 고유저항 $\rho[\Omega\cdot m]$의 대지표면에 묻었을 때 접지 저항은 몇 [Ω]인가?
① $\dfrac{1}{2\pi\rho a}$ ② $\dfrac{\rho}{2\pi a}$ ③ $2\pi\rho a$ ④ $\dfrac{a}{2\pi\rho}$

【해설】
반 구도체의 $C = 2\pi\epsilon a[F]$, $R = \dfrac{\rho\epsilon}{C} = \dfrac{\rho}{2\pi a}[\Omega]$

[답] ②

예제 6
대지의 고유저항이 $\pi[\Omega\cdot m]$일 때, 반지름 2[m]인 반구형 접지극의 접지저항은 몇[Ω]인가?
① 0.25   ② 0.5   ③ 0.75   ④ 0.95

【해설】
1) $RC = \rho\epsilon \rightarrow R = \dfrac{\rho\epsilon}{C}$
2) 반구형도체 $C = 2\pi\epsilon a[F]$

$\therefore R = \dfrac{\rho}{2\pi a} = \dfrac{\pi}{2\pi \times 2} = \dfrac{1}{4} = 0.25[\Omega]$

[답] ①

Chapter 06. 전류
적중실전문제

★★☆☆☆

1. 다음은 도체의 전기저항에 대한 설명이다. 틀린 것은?
   ① 중간 온도의 법칙
   ② 고유 저항은 백금보다 구리가 크다.
   ③ 단면적에 반비례하고 길이에 비례한다.
   ④ 도체 반경의 제곱에 반비례한다.

   해설 1
   고유 저항은 백금보다 구리가 작다.
   구리의 고유저항은 $1.69 \times 10^{-8}[\Omega \cdot m]$이고 백금의 고유저항은 $10.5 \times 10^{-8}[\Omega \cdot m]$이다.
   [답] ②

★★★★★

2. 다음 중 오옴의 법칙은 어느 것인가? (단, k는 도전율, ρ는 고유저항, E는 전계의 세기이다.)
   ① $i = kE$ ② $i = E/k$ ③ $i = \rho E$ ④ $i = -kE$

   해설 2
   전류밀도 $i = kE = \dfrac{1}{\rho} E [A/m^2]$이다. 이 식을 옴의 법칙 미분형이라 한다.
   $\rho[\Omega \cdot m]$은 고유저항이다.
   [답] ①

★★★☆☆

3. 전류 밀도 $I = 10^7 [A/m^2]$이고, 단위 체적의 이동 전하가 $Q = 8 \times 10^9 [C/m^3]$이라면 도체 내의 전자의 이동 속도 $v[m/s]$는 얼마인가?
   ① 0.125×10^{-1}
   ② 0.125×10^{-2}
   ③ 0.125×10^{-3}
   ④ 0.125×10^{-4}

   해설 3
   $i = Qv [A/m^2]$, $v = \dfrac{i}{Q} = \dfrac{10^7}{8 \times 10^9} = 0.125 \times 10^{-2} [m/s]$
   [답] ②

4. 지름 2[mm]인 동선에 20[A]의 전류가 흐를 때 도체 내의 전자의 평균 속도가 4.74×10^{-4}[m/s]라 하면 단위 체적당의 전자의 수[개/m³]는?

① 7.38×10^{28} ② 8.38×10^{28} ③ 7.38×10^{22} ④ 8.38×10^{22}

해설 4

$i = \dfrac{I}{S} = \dfrac{4I}{\pi d^2} = nev \,[\text{A/m}^2]$

$n = \dfrac{4I}{\pi d^2 ev}\,[\text{개/m}^3] = \dfrac{4 \times 20}{3.14 \times (2 \times 10^{-3})^2 \times 1.602 \times 10^{-19} \times 4.74 \times 10^{-4}}\,[\text{개/m}^3]$

$= 0.838 \times 10^{29}\,[\text{개/m}^3] = 8.38 \times 10^{28}\,[\text{개/m}^3]$

[답] ②

5. 온도계수가 0.004인 도체의 저항이 0[℃]일 때 저항의 2배로 될 때의 온도는 몇 [℃]가 되는가? (단, 온도계수는 온도 상승에 비례하여 증가한다고 한다.)

① 100 ② 150 ③ 250 ④ 500

해설 5

$R_T = R_t[1 + \alpha_t(T - t)],\ 2R = R[1 + 0.004(T - 0)]$

$T = \left(\dfrac{2R}{R} - 1\right) \times \dfrac{1}{0.004} + 0 = 250\,[\text{℃}]$

[답] ③

6. $\nabla \cdot J = -\dfrac{\partial \rho}{\partial t}$에 대한 설명으로 옳지 않은 것은?

① "-"부호는 전류가 폐곡면에서 유출되고 있음을 뜻한다.
② 단위 체적당 전하 밀도의 시간당 증가 비율이다.
③ 전류가 정상 전류가 흐르면 폐곡면에 통과하는 전류는 0(zero)이다.
④ 폐곡면에서 수직으로 유출되는 전류밀도는 미소체적인 한 점에서 유출되는 단위 체적당 전하가 된다.

해설 6

고립도체에서 발산 전류밀도는 시간에 대한 체적전하밀도의 감소율과 같다.

$div\, i = -\dfrac{d\rho}{dt}$, 여기서 $\rho[\text{C/m}^3]$는 체적 전하 밀도이다.

[답] ②

7. 저항이 100[Ω]인 동선에 900[Ω]인 망간선을 직렬로 연결하면 합성 저항의 온도 계수는 동선 온도 계수의 몇 배인가?
① 0.1 ② 0.9 ③ 거의 같다. ④ 9

해설 7

1) 합성 온도계수 $\alpha = \dfrac{\alpha_1 R_1 + \alpha_2 R_2}{R_1 + R_2} = \dfrac{100\alpha_1 + 0}{100 + 900} = 0.1\alpha_1$

망간선의 온도계수는 0.00001이므로 약 0으로 계산한다.

[답] ①

8. 평행판 콘덴서에 유전율 9×10^{-8}[F/m], 고유 저항 $\rho = 10^6$[Ω·m]인 액체를 채웠을 때 정전 용량이 3[μF]이었다. 이 양극판 사이의 저항은 몇 [kΩ]인가?
① 37.6 ② 30 ③ 18 ④ 15.4

해설 8

$RC = \rho\epsilon$, $R = \dfrac{\rho\epsilon}{C} = \dfrac{9 \times 10^{-8} \times 10^6}{3 \times 10^{-6}} = 3 \times 10^4$[Ω]

[답] ②

9. 옴의 법칙(Ohm's law)을 미분 형태로 표시하면? (단, i는 전류밀도이고, ρ는 체적 저항률, E는 전계의 세기이다.)
① $i = \dfrac{1}{\rho}E$ ② $i = \rho E$
③ $i = \text{div}\, E$ ④ $i = \nabla E$

해설 9

전류밀도 $i = kE = \dfrac{1}{\rho}E$[A/m²]이다. 이 식을 옴의 법칙 미분형이라 한다.
ρ[Ω·m]은 고유저항이다.

[답] ①

10. 반지름 a[m]의 반구형 도체를 고유저항 $\rho[\Omega \cdot m]$의 대지표면에 묻었을 때 접지 저항은 몇 $[\Omega]$인가?

① $\dfrac{1}{2\pi\rho a}$ ② $\dfrac{\rho}{2\pi a}$

③ $2\pi\rho a$ ④ $\dfrac{a}{2\pi\rho}$

해설 10

반 구도체의 $C = 2\pi\epsilon a[F]$, $R = \dfrac{\rho\epsilon}{C} = \dfrac{\rho}{2\pi a}[\Omega]$

[답] ②

11. 내구의 반지름 a, 외구의 반지름 b인 동심 구도체 간에 고유저항 ρ인 저항 물질이 채워져 있을 때의 내외 구간의 합성 저항은?

① $\dfrac{\rho}{2\pi}\left(\dfrac{1}{a} - \dfrac{1}{b}\right)$ ② $4\pi\rho\left(\dfrac{1}{a} - \dfrac{1}{b}\right)$

③ $\dfrac{\rho}{4\pi}\left(\dfrac{1}{a} - \dfrac{1}{b}\right)$ ④ $2\pi\rho\left(\dfrac{1}{a} - \dfrac{1}{b}\right)$

해설 11

1) $R = \dfrac{\rho\epsilon}{C}[\Omega]$

2) $C = \dfrac{4\pi\epsilon}{\dfrac{1}{a} - \dfrac{1}{b}}[F]$, $\therefore R = \dfrac{\rho}{4\pi}\left(\dfrac{1}{a} - \dfrac{1}{b}\right)[\Omega]$

[답] ③

12. 반지름 a, b인 두 구상 도체 전극이 도전율 k인 매질 속에 중심 간의 거리 r만큼 떨어져 놓여 있다. 양 전극간의 저항은? (단, $r \gg a, b$이다.)

① $4\pi k \left(\dfrac{1}{a} + \dfrac{1}{b}\right)$ 　　② $4\pi k \left(\dfrac{1}{a} - \dfrac{1}{b}\right)$

③ $\dfrac{1}{4\pi k}\left(\dfrac{1}{a} + \dfrac{1}{b}\right)$ 　　④ $\dfrac{1}{4\pi k}\left(\dfrac{1}{a} - \dfrac{1}{b}\right)$

해설 12

1) $R = \dfrac{\rho \epsilon}{C}$

2) $C = \dfrac{4\pi\epsilon}{\dfrac{1}{a} + \dfrac{1}{b}}$ [F], ∴ $R = \dfrac{\rho}{4\pi}\left(\dfrac{1}{a} + \dfrac{1}{b}\right) = \dfrac{1}{4\pi k}\left(\dfrac{1}{a} + \dfrac{1}{b}\right)$

　　ρ : 고유저항, k : 도전율

3) 두 도체에 +Q[C], -Q[C]를 가정하고
전위계수를 이용하여 식을 세운 다음 $r \gg a, b$를 고려하여 답을 구한다.

$V_1 = p_{11}Q + p_{12}(-Q)$
$V_2 = p_{21}Q + p_{22}(-Q)$

i) $V = V_1 - V_2 = (p_{11} - 2p_{12} + p_{22})Q, \; p_{12} = p_{21}$

ii) $C = \dfrac{Q}{V} = \dfrac{1}{p_{11} - 2p_{12} + p_{22}} \fallingdotseq \dfrac{1}{p_{11} + p_{22}}$

$= \dfrac{1}{\dfrac{1}{4\pi\epsilon a} + \dfrac{1}{4\pi\epsilon b}} = \dfrac{4\pi\epsilon}{\dfrac{1}{a} + \dfrac{1}{b}}$ [F]

iii) $p_{11} = \dfrac{1}{4\pi\epsilon a}, \; p_{12} = \dfrac{1}{4\pi\epsilon(r-a)}, \; p_{21} = \dfrac{1}{4\pi\epsilon(r-b)},$
$p_{22} = \dfrac{1}{4\pi\epsilon b}$

(단, $r \gg a, b$를 고려한다.)

[답] ③

13. 길이 l[m], 반지름 a[m]인 두 평행 원통 전극을 d[m] 거리에 놓고 그 사이를 저항률 $\rho[\Omega \cdot m]$인 매질을 채웠을 때의 저항[Ω]은? (단, d≫a 라 한다.)

① $\dfrac{\rho}{2\pi l}\ln\dfrac{d}{a}$ ② $\dfrac{\rho}{\pi l}\ln\dfrac{d}{a}$ ③ $\pi l \ln\dfrac{d}{a}$ ④ $2\pi l \ln\dfrac{d}{a}$

해설 13

1) $R = \dfrac{\rho\epsilon}{C}$ 2) $C = \dfrac{\pi\epsilon l}{\ln\dfrac{d}{a}}[F]$ ∴ $R = \dfrac{\rho}{\pi l}\ln\dfrac{d}{a}[F]$

[답] ②

14. 직류 500[V] 절연저항계로 절연저항을 측정하니 2[MΩ]이 되었다면 누설전류는?

① 25[μA] ② 250[μA] ③ 1000[μA] ④ 1250[μA]

해설 14

옴(Ohm)의 법칙을 적용한다.
$I = \dfrac{V}{R} = \dfrac{500}{2\times 10^6} = 2.5\times 10^{-4} = 250\times 10^{-6}[A]$

[답] ②

15. 1[kW]의 전열기가 1시간 동안 행한 일[J]은?

① 3.6×10^5 ② 3.6×10^6 ③ 3.6×10^7 ④ 3.6×10^8

해설 15

$W = Pt = 1\times 10^3 \times 3600 = 3.6\times 10^6 [W\cdot S = J]$

[답] ②

16. 전선을 균일하게 3배의 길이로 당겨 늘였을 때 전선의 체적이 불변이라면 저항은 몇 배가 되겠는가?

① 3배　　② 6배　　③ 9배　　④ 12배

해설 16

1) $R = \rho \dfrac{l}{S} [\Omega]$

2) $Sl = $ 일정 → $\dfrac{1}{3}S \cdot 3l = $ 일정

∴ $R_0 = \rho \dfrac{3l}{\dfrac{1}{3}S} = 9R$

[답] ③

---

17. 전류가 흐르고 있는 도체에 자계를 가하면 도체 측면에는 정부의 전하가 나타나 두 면간의 전위차가 발생하는 현상은?

① 핀치 효과　② 톰슨 효과　③ 호올 효과　④ 제벡 효과

해설 17

전류가 흐르고 있는 도체나 반도체에 직각으로 자계를 가한다.
그러면 분극전하가 나타나고 전위차가 발생한다.

[답] ③

---

18. 균질의 철사에 온도 구배가 있을 때 여기에 전류가 흐르면 열의 흡수 또는 발생을 수반하는데, 이 현상은?

① 톰슨 효과　② 핀치 효과　③ 펠티에 효과　④ 제벡 효과

해설 18

균질의 도선에 온도의 구배를 주고 전류가 흐를 때 발열과 흡열 현상이 나타난다.
이것을 톰슨 효과라 한다.

[답] ①

19. 두 종류의 금속으로 된 회로에 전류를 통하면 각 접속점에서 열의 흡수 또는 발생이 일어나는 현상은?

① 톰슨 효과 ② 제벡 효과 ③ 볼타 효과 ④ 펠티에 효과

해설 19
두 종류의 금속으로 된 회로에 전류를 통하면 각 접속점에서 발열 및 흡열이 나타나는 현상을 펠티에 효과라 한다.

[답] ④

20. 다른 종류의 금속선으로 된 폐회로의 두 접합점의 온도를 달리하였을 때 전기가 발생하는 효과는?

① 톰슨 효과 ② 핀치 효과 ③ 펠티에 효과 ④ 제벡 효과

해설 20
두 종류의 금속을 접속한 폐회로에서 두 접합점의 온도를 달리하였을 때 열전류 및 열기전력이 발생하는 현상을 제벡 효과라 한다.

[답] ④

21. DC전압을 가하면 전류는 도선 중심 쪽으로 흐르려고 한다. 이러한 현상을 무슨 효과라 하는가?

① Skin 효과 ② Pinch 효과
③ 압전기 효과 ④ Peltier 효과

해설 21
도선에 전류가 흐를 때 주위에 자계가 발생하고 도선의 중심으로 힘이 작용한다.

[답] ②

22. 도체의 고유저항에 대한 설명 중 틀린 것은?
    ① 저항에 반비례한다.
    ② 길이에 반비례한다.
    ③ 도전율에 반비례한다.
    ④ 단면적에 비례한다.

    해설 22
    $R = \rho \dfrac{l}{S} [\Omega]$, $\rho = \dfrac{RS}{l} [\Omega \cdot m]$
    고유저항은 저항과 비례관계이다.

    [답] ①

23. 고주파를 취급할 경우 큰 단면적을 갖는 한 개의 도선을 사용하지 않고 전체로서는 같은 단면적이라도 가는 선을 모은 도체를 사용하는 주된 이유는?
    ① 히스테리스손을 감소시키기 위하여
    ② 철손을 감소시키기 위하여
    ③ 과전류에 대한 영향을 감소시키기 위하여
    ④ 표피효과에 대한 영향을 감소시키기 위하여

    해설 23
    표피효과는 가는 도선에서는 그 영향이 작다. 같은 단면적의 단선보다 연선인 경우가 그 영향이 적다.

    [답] ④

24. 10[A]의 전류가 5초간 도선에 흘렀을 때 도선 단면을 지나는 전기량은 몇 [C] 인가?
    ① 300[C]
    ② 50[C]
    ③ 2[C]
    ④ 0.033[C]

    해설 24
    $I = \dfrac{Q}{t} [A]$, $Q = It = 10 \times 5 = 50 [C]$

    [답] ②

25. A금속에 대한 B 및 C금속의 열전능은 100[℃]에서 각각 10[μV/℃] 및 3[μV/℃]이다. B, C금속간의 접합점이 30[℃] 및 150[℃]일 때의 열기전력 [μV]은?

① 700
② 840
③ 1050
④ 1260

해설 25
이 문제는 제벡 효과이다.
1) A - B : 10[μV/℃]
   A - C : 3[μV/℃]
2) B - C : $10 - 3 = 7$[μV/℃]
3) $(150 - 30) \times 7 = 840$[μV]

[답] ②

26. 내부저항 r_0, 기전력 E인 전지를 N개 사용하여 그중 n개를 직렬 그것을 m열 병렬로 접속하여 외부저항 R에 급전한다. 이때 R의 소비전력을 최대로 하기 위한 부하저항 값 R은?

① Nr_0
② $\dfrac{m}{n}r_0$
③ $\dfrac{n}{m}r_0$
④ $\dfrac{r_0}{N}$

해설 26
부하 저항과 전원 측 합성저항이 같을 때 부하 R의 소비전력은 최대이다.

[답] ③

27. 대지의 고유 저항이 $\pi[\Omega \cdot m]$일 때, 반지름 2[m]인 반구형 접지극의 접지저항은 몇[Ω]인가?

① 0.25   ② 0.5   ③ 0.75   ④ 0.95

해설 27

1) $RC = \rho\epsilon \rightarrow R = \dfrac{\rho\epsilon}{C}$

2) 반구형도체 $C = 2\pi\epsilon a[F]$

$\therefore R = \dfrac{\rho}{2\pi a} = \dfrac{\pi}{2\pi \times 2} = \dfrac{1}{4} = 0.25[\Omega]$

[답] ①

28. 도체의 단면적이 $5[m^2]$인 곳을 3[s]동안에 30[C]의 전하가 통과하였다면 이때의 전류는?

① 5[A]   ② 10[A]   ③ 30[A]   ④ 90[A]

해설 28

전류 1[A]은 1[S]에 이동전하가 1[C]일 때의 전류 크기이다.

$I = \dfrac{Q}{t}[A]$, $I = \dfrac{30}{3} = 10[A]$

[답] ②

Chapter 07

정자계

01. 자하

02. 자계와 자기력선

03. 자위와 자위 경도

04. 가우스(Gauss)의 법칙

05. 자기 쌍극자와 자기 2중층

06. 자석의 자기 모멘트와 회전력

07. 진공 중의 정자계의 에너지

08. 암페어(Ampere)의 오른 나사의 법칙

09. 암페어의 주회 적분의 법칙

10. 암페어의 주회 적분의 법칙 미분형

11. 비오-사바르(Biot-Savart)의 법칙

12. 전류에 의한 자계의 세기

13. 전류에 의한 자계의 에너지

14. 전류가 자계 내에서 받는 힘

15. 플레밍(Fleming)의 왼손 법칙

16. 평행한 두 도선에 전류가 흐르는 경우 전자력

17. 로렌쯔(Lorentz)의 힘

- 적중실전문제

Chapter 07 정자계

01 자하

영구자석은 N극과 S극이 함께 나타나는데 이 자극의 세기를 자하라 하고, 정전계의 전하에 대응하는 것이 정자계의 자하이다. 가늘고 매우 긴 자석을 가상하면 자극 사이에 자기력이 미치지 않으며 각 자극이 독립적으로 있다고 생각할 수 있고, 이것을 점자하로 취급할 수 있다. 점자하의 문자기호는 m으로 표시하며 단위는 웨버[Wb]이다.

- 쿨롱(Coulomb)의 법칙

$$F = 6.33 \times 10^4 \frac{m_1 m_2}{r^2}$$
$$= \frac{m_1 m_2}{4\pi\mu_0 r^2} [\text{N}]$$

여기서, m_1, m_2은 점자하, r은 두 자하 사이의 거리[m]이다.

진공의 투자율은 $\mu_0 = 4\pi \times 10^{-7}[\text{H/m}]$, 점자하의 단위는 Weber[Wb]이다.

1[Wb]은 두 개의 같은 자하를 진공 중에서 1[m]거리로 떼어 놓았을 때 자기력이 $6.33 \times 10^4[\text{N}]$이 되는 자하의 크기이다.

예제 1

공기 중에서 $2.5 \times 10^{-4}[\text{Wb}]$와 $4 \times 10^{-3}[\text{Wb}]$의 두 자극 사이에 작용하는 힘이 6.33[N]이었다면 두 자극간의 거리[cm]는?

① 1   ② 5   ③ 10   ④ 100

【해설】

$F = 6.33 \times 10^4 \times \dfrac{m_1 m_2}{r^2} = 6.33[\text{N}]$

$r = \sqrt{10^4 \times 2.5 \times 10^{-4} \times 4 \times 10^{-3}} = 0.1[\text{m}] = 10[\text{cm}]$

[답] ③

02 자계와 자기력선

자계는 자기력이 미치는 공간이다. 자계를 자기장 또는 자장이라 한다.

1) 자계의 세기는 자계 중에서 +1[wb]의 단위 정자하에 작용하는 자기력을 의미한다. 정전계의 전계의 세기와 비교할 수 있고, 자하 m에서 거리 r의 위치에 있는 점의 자계의 세기 H는 다음 식으로 계산한다.

$$H = \frac{m}{4\pi\mu_0 r^2} = 6.33 \times 10^4 \times \frac{m}{r^2} [\text{N/Wb}]$$

2) 자계 H에 자하 m을 놓을 때에 작용하는 힘 F
$$F = mH [\text{N}]$$
여기서, 자계의 세기 H의 단위는 [N/Wb], [A/m], [AT/m]이다.

3) 자기력선

N극에서 S극 방향으로 향하는 가상의 선이 자기력선이며, 정전계의 전기력선과 대응되는 것으로 다음과 같은 성질이 있다.
  ① 자기력선은 N극에서 발생하고 S극에서 소멸된다.
  ② 자하 m[Wb]은 $\frac{m}{\mu_0}$[개]가 진공 중에서 발산한다.
  ③ 자기력선 상호간은 반발한다.
  ④ 자기력선의 방향은 자계의 방향과 같다.
  ⑤ 단위 면적당 밀도[개/m^2]는 자계의 세기 [A/m], [N/Wb]와 같다.

예제 2

1000[AT/m]의 자계 중에 어떤 자극을 놓았을 때 3×10^2[N]의 힘을 받았다고 한다. 자극의 세기 [Wb]는?

① 0.1   ② 0.2   ③ 0.3   ④ 0.4

【해설】

$F = mH[\text{N}], \ m = \frac{F}{H} = \frac{3 \times 10^2}{1000} = 0.3[\text{Wb}]$

[답] ③

03 자위와 자위 경도

자위는 자기장 내에서 +1[Wb]가 갖는 위치 에너지이다.

(1) 중력장에서 중력장과 반대방향으로 미소 거리의 변위가 있는 점의 위치에너지 증가분

$$dW = -F \cdot dr \,[\text{J}]$$

여기서, $dW[\text{J}]$은 위치 에너지의 증가분, $F[\text{N}]$은 중력, $dr[\text{m}]$은 미소 거리이다.

(2) 자계 중에서 자계와 반대방향으로 미소 거리의 변위가 있는 점의 자위의 증가분

$$dU = -Hdr \,[\text{A}], \quad 1[\text{A}] = 1\left[\frac{\text{J}}{\text{Wb}}\right]$$

여기서, $dU[\text{A}]$은 자위의 증가분, $H[\text{N/Wb}]$은 자계의 세기, $dr[\text{m}]$은 미소 거리이다.

(3) 자계 중에서 자계와 반대 방향으로 무한 원점에서 점 P까지 자위의 증가분 즉, p점의 자위

$$U = -\int_{\infty}^{P} H \cdot dr \,[\text{A}]$$

$$U = -\int_{\infty}^{P} H \cdot dr = -\int_{\infty}^{p=r} \frac{m}{4\pi\mu_0 r^2} dr = \frac{-m}{4\pi\mu_0}\left[-\frac{1}{r}\right]_{\infty}^{r}$$

$$= \frac{m}{4\pi\mu_0 r} \,[\text{A}]$$

(4) 점 자하 m에서 r거리인 점의 자위

$$U = \frac{m}{4\pi\mu_0 r} = 6.33 \times 10^4 \frac{m}{r} \,[\text{A}]$$

(5) 점 자하 m에서 r_1인 1점과 r_2인 2점 사이의 자위차

$$U_{12} = -\int_{r_2}^{r_1} H \cdot dr = \frac{m}{4\pi\mu_0}\left[\frac{1}{r_1} - \frac{1}{r_2}\right] \,[\text{A}]$$

예제 3

자극의 크기 $m = 2[\text{Wb}]$의 점 자극으로부터 $r = 2[\text{m}]$ 떨어진 점의 자위[A]은 얼마인가?

① 7.9×10^3 ② 6.3×10^4 ③ 1.6×10^4 ④ 1.3×10^3

【해설】
$$U = \frac{m}{4\pi\mu_0 r} = 6.33 \times 10^4 \times \frac{2}{2} = 6.33 \times 10^4 [\text{A}]$$

[답] ②

04 가우스(Gauss)의 법칙

임의의 폐곡면 내에 자석이 있으면 $+m$, $-m$ 두 자하가 있으므로 폐곡면을 통하는 총 자속은 0이다. 그리고 자석은 한 쪽 자극만 있을 수 없다.

1) 자극의 세기 = 자하 = 자속(선) = 자속 밀도 × 면적
$$m = \Phi = BS = \int B\,ds\,[\text{Wb}]$$

2) N극과 S극이 공존하여 자속은 발산이 없다는 의미
$$\Phi = \int B\,ds = (+m) + (-m) = 0\,[\text{Wb}],$$
$$div B = 0$$

예제 4

자속 밀도는 벡터이며 B로 표시한다. 다음 가운데서 항상 성립되는 관계는?

① gradB = 0   ② rotB = 0   ③ divB = 0   ④ B = 0

【해설】
자석은 N극과 S극이 항상 공존하므로 자속밀도의 발산 $div B = 0$ 이다.

[답] ③

05 자기 쌍극자와 자기 2중층

1) 자기 쌍극자

$+m[\text{Wb}]$과 $-m[\text{Wb}]$의 두 개의 점자하가 미소거리 $l[\text{m}]$만큼 떨어져 있는 것을 자기 쌍극자라 하고, 자기 쌍극자 모멘트 방향은 $-m$에서 $+m$의 방향이다. 자기 쌍극자 모멘트는 $M=ml[\text{Wb}\cdot\text{m}]$이고, 두 자하의 중점 O에서 $r(r\gg 1)$ 점 P의 자위 U는 다음 식과 같다.

여기서, θ는 M과 r 사이의 각도이다.

① 자위
$$U=\frac{M\cos\theta}{4\pi\mu_0 r^2}[\text{A}]$$

② 자계의 세기

자위 $U=\frac{M\cos\theta}{4\pi\mu_0 r^2}[\text{A}]$에서

변수는 θ와 r이다.

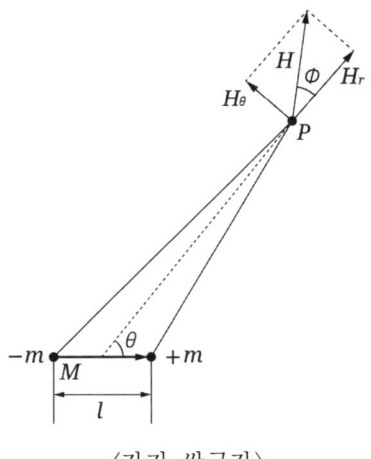

〈자기 쌍극자〉

θ에 대한 자위의 경도 H_θ와 r에 대한 자위의 경도 H_r을 계산하여 자계의 세기를 나타내며, 자계 H의 성분은 H_r과 H_θ를 다음과 같이 구한다.

① $H_r = -\dfrac{\partial U}{\partial r} = -\dfrac{\partial}{\partial r}\dfrac{M\cos\theta}{4\pi\mu_0 r^2} = \dfrac{2M}{4\pi\mu_0 r^3}\cos\theta[\text{A/m}]$

② $H_\theta = -\dfrac{\partial U}{r\,\partial \theta} = -\dfrac{\partial}{r\,\partial \theta}\dfrac{M\cos\theta}{4\pi\mu_0 r^2} = \dfrac{M}{4\pi\mu_0 r^3}\sin\theta[\text{A/m}]$

P점의 자계의 세기는 H_r과 H_θ을 벡터 합성한 값이다.

$H=\sqrt{H_r^2+H_\theta^2}$

$H=\dfrac{M}{4\pi\mu_0 r^3}\sqrt{1+3\cos^2\theta}\,[\text{A/m}]$

자계의 세기 H는 r^3에 반비례한다.

2) 자기 2중층

판 모양의 자석을 판자석 또는 자기 2중층이라고 한다. 양면에 정(+), 부(-)의 자하가 분포되어 있다.

자기 2중층의 세기

$$M_\delta = \sigma_m \delta [\mathrm{Wb/m}]$$

여기서, $\sigma_m [\mathrm{Wb/m^2}]$은 자하밀도, $\delta [\mathrm{m}]$는 자기 2중층의 두께이다.

N극의 위 P점과 S극의 위 Q점에서 판자석을 보는 입체각을 $\omega_1 [\mathrm{Sr}]$ 및 $\omega_2 [\mathrm{Sr}]$라고 하면 P점과 Q점의 자위는 다음과 같다.

① P점의 자위 $U_P = \dfrac{M_\delta}{4\pi\mu_0}\omega_1 [\mathrm{A}]$

② Q점의 자위 $U_Q = -\dfrac{M_\delta}{4\pi\mu_0}\omega_2 [\mathrm{A}]$

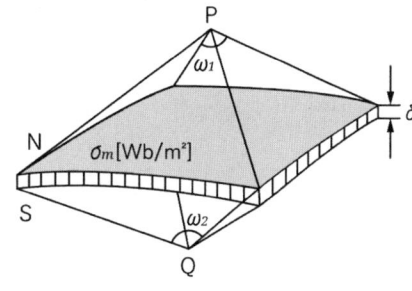

〈자기 2중층〉

예제 5

세기 M인 균일한 판자석의 S극 측으로부터 r[m] 떨어진 점 P의 자위는?
(단, 점 P에서 판자석을 본 입체각을 ω라 한다.)

① $\dfrac{M}{4\pi\mu_0}\omega$ ② $-\dfrac{M}{4\pi\mu_0}\omega$

③ $-\dfrac{M}{4\pi\mu_0 r}\omega$ ④ $\dfrac{M}{4\pi\mu_0 r}\omega$

【해설】
N극 측은 +자위, S극 측은 -자위이다.

[답] ②

06 자석의 자기 모멘트와 회전력

자극의 세기가 $\pm m[\text{Wb}]$이고, 길이가 $l[\text{m}]$인 막대 자석이 자계의 세기 $H[\text{A/m}]$중에 θ의 각으로 놓이면 회전력(torque)을 받는다.

$$T = mlH\sin\theta\,[\text{N m}] = MH\sin\theta\,[\text{N m}]$$

회전력 $T = M \times H\,[\text{N m}]$

예제 6
막대자석의 회전력을 나타내는 식으로 옳은 것은?
(단, 막대자석의 자기모멘트 M[Wb·m]와 균등자계 H[A/m]와의 이루는 각 θ는 $0° < \theta < 90°$라 한다.)
① $M \times H[\text{Nm/rad}]$
② $H \times M[\text{Nm/rad}]$
③ $\mu_0 H \times M[\text{Nm/rad}]$
④ $M \times \mu_0 H[\text{Nm/rad}]$

【해설】
회전력 $T = M \times H[\text{N m}]$

[답] ①

07 진공 중의 정자계의 에너지

진공 중 정자계는 점자하의 분포에서 생긴 자계이므로 진공의 정전계의 경우와 같이 구해진다.

$$w = \frac{1}{2}HB = \frac{1}{2}\mu_0 H^2 = \frac{B^2}{2\mu_0}\,[\text{J/m}^3]$$

예제 7
자계의 세기 H[AT/m], 자속밀도 $B[\text{Wb/m}^2]$인 진공 중의 자계의 에너지 밀도는 몇 $[\text{J/m}^3]$인가?
① BH
② $\frac{1}{2\mu_0}H^2$
③ $\frac{1}{2}\mu_0 H$
④ $\frac{1}{2}BH$

【해설】
정자계 에너지밀도는 $\frac{1}{2}BH\,[\text{J/m}^3]$이다.

[답] ④

08 암페어(Ampere)의 오른 나사의 법칙

1) 전류가 만드는 자계의 방향은 전류가 오른 나사의 진행 방향이면 자계는 오른 나사의 회전하는 방향으로 발생한다.

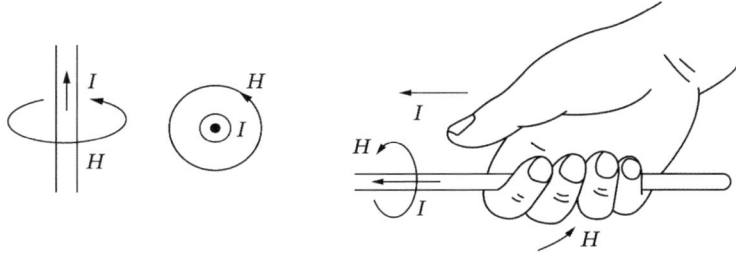

〈암페어의 오른 나사 법칙〉

예제 8

직선 전류에 의해서 그 주위에 생기는 환상의 자계 방향은?
① 전류의 방향
② 전류와 반대 방향
③ 오른나사의 진행 방향
④ 오른나사의 회전 방향

【해설】
전류가 오른 나사의 진행 방향이면 자계는 오른 나사의 회전하는 방향이다.

[답] ④

09 암페어의 주회 적분의 법칙

1) 전류가 흐르면 주위에 자기장이 만들어지는데, 전류가 흐르는 도선을 중심으로 자계의 세기를 1회전 선적분한 것은 관통하는 전류와 같다.

$$\oint H \cdot dl = I, \quad \oint dl = l = 2\pi r [\text{m}]$$

$H 2\pi r = I$

$H = \dfrac{I}{2\pi r}$ [A/m] : 자계의 세기

$B = \mu_0 H = \dfrac{\mu_0 I}{2\pi r}$ [Wb/m²] : 자속밀도

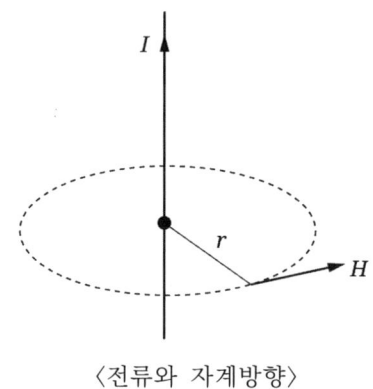

〈전류와 자계방향〉

2) 도선이 여러개가 있으면 다음과 같다.

$$\oint H dl = \sum_{i=1}^{n} I_i [\text{AT}], \quad \oint H dl = NI [\text{AT}]$$

여기서 N[T]은 코일의 권수이다.

예제 9

암페어의 주회 적분의 법칙은 직접적으로 다음의 어느 관계를 표시하는가?
① 전하와 전계
② 전류와 인덕턴스
③ 전류와 자계
④ 전하와 전위

【해설】
전류와 자계의 관계이다.

[답] ③

10 암페어의 주회 적분의 법칙 미분형

암페어의 주회적분의 법칙에 스토크스(Stokes)의 적분 정리를 적용하면 미분형이 된다.

$$I = \int_s i\,ds = \oint H \cdot dl = \int_s rotH \cdot ds$$

$$rotH = i\,[\text{A/m}^2]$$

전류 밀도가 있는 주위에 자계의 회전이 발생한다.

예제 10

암페어의 주회적분 법칙의 미분형을 나타낸 식은?

① BH ② $divH = 0$ ③ $H = \dfrac{I}{2\pi r}$ ④ $rotH = i$

【해설】
전류 밀도가 있는 주위에 자계의 회전이 발생한다.
$rotH = i\,[\text{A/m}^2]$

[답] ④

---

11 비오-사바르(Biot-Savart)의 법칙

미소 선 전류가 임의의 점에 만드는 자계의 세기를 구하는 식이다.

① 자계의 세기 $dH = \dfrac{I\,dl}{4\pi r^2}\sin\theta$ [AT/m]

② 벡터 자계의 세기 $\overrightarrow{dH} = \dfrac{I\,dl \times r_0}{4\pi r^2}$ [AT/m], 여기서 r_0은 단위벡터이다.

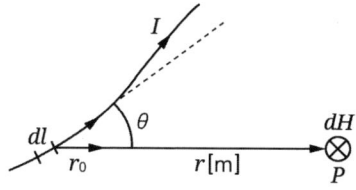

〈미소 선전류에 의한 자계〉

예제 11

비오-사바르의 법칙으로 구할 수 있는 것은?
① 자계의 세기
② 전계의 세기
③ 전하 사이의 힘
④ 자하 사이의 힘

【해설】
선전류 중 미소부분이 임의의 점에 만드는 자계의 세기를 구할 수 있다.

[답] ①

12 전류에 의한 자계의 세기

1) 무한장 원주도선의 전류

도선의 반지름을 a[m]라 할 때 중심에서 r[m]거리인 점의 자계의 세기를 구하는 식

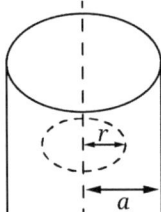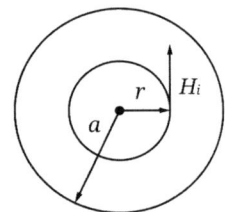

〈무한장 직선 전류〉

(1) 도선 내부의 자계의 세기 $(r \leq a)$ $H_i = \dfrac{Ir}{2\pi a^2}$[A/m]

(2) 도선 표면의 자계의 세기 $H_a = \dfrac{I}{2\pi a}$[A/m]

(3) 도선 외부의 자계의 세기 $(r > a)$ $H = \dfrac{I}{2\pi r}$[A/m]

2) 유한장 직선전류에 의한 자계의 세기

$$H = \frac{I}{4\pi r}(\sin\phi_1 + \sin\phi_2) = \frac{I}{4\pi r}(\cos\theta_1 + \cos\theta_2)[A/m]$$

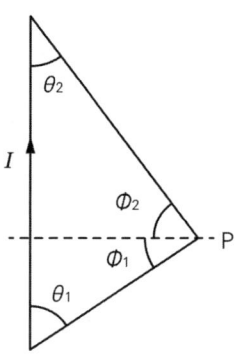

〈유한장 직선전류〉

3) 반지름 $a[m]$의 원형 전류 $I[A]$에 의해 중심축상의 한 점에 생기는 자계는 중심에서 $b[m]$인 점에서 다음 식으로 구한다.

$$H_b = \frac{a^2 I}{2(a^2+b^2)^{3/2}}[A/m]$$

원형 전류의 중심은 $b=0$이므로 $H_0 = \frac{I}{2a}[A/m]$이다.

또한 자속 밀도는 다음 식으로 구한다.

$$B = \mu_0 H = \frac{\mu_0 a^2 I}{2(a^2+b^2)^{\frac{3}{2}}}[Wb/m^2]$$

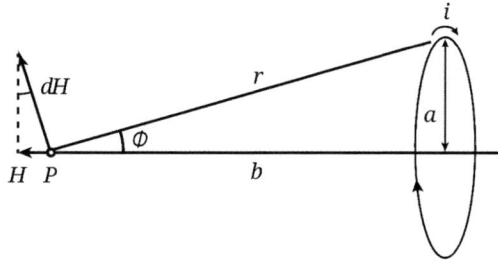

〈원 전류 중심축 상의 자계〉

4) 환상 솔레노이드

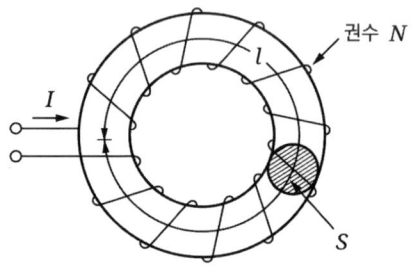

〈환상 솔레노이드〉

외부 자계의 세기는 0이고, 내부자계의 세기는 평등자계이다.
$$H = \frac{NI}{2\pi r} = nI[\text{A/m}]$$
여기서, $N[\text{T}]$은 전체 권수, $n[\text{T/m}]$은 단위 길이당 권수이다.

5) 무한장 솔레노이드

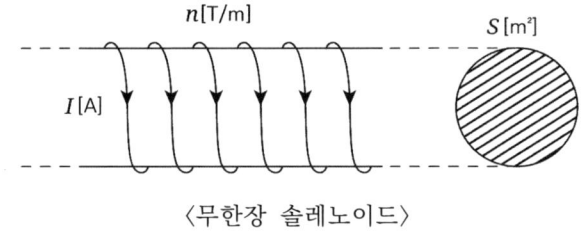

〈무한장 솔레노이드〉

외부자계의 세기는 0이고, 내부자계의 세기는 평등자계이다.
$$H = nI\,[\text{AT/m}]$$
여기서, $n[\text{T/m}]$는 단위 길이당 권수이다.

예제 12

길이 10[cm], 권선 수가 500[T]인 솔레노이드 코일에 10[A]의 전류를 흘려줄 때 솔레노이드내의 자계의 세기[AT/m]는? (단, 솔레노이드 내부의 자계의 세기는 균일하다고 생각한다.)
① 50   ② 500   ③ 5,000   ④ 50,000

【해설】
$$H = nI = \frac{500 \times 10}{0.1} = 50,000[\text{AT/m}]$$

[답] ④

13 전류에 의한 자계의 에너지

전류가 흐르면 주위에 회전자계가 만들어지며, 자계가 있는 공간에 에너지가 있다.

1) $W = \dfrac{1}{2} I \Phi \,[\text{J}]$

2) $W = \dfrac{1}{2} N I \Phi \,[\text{J}]$

3) $W = \displaystyle\int_v \dfrac{1}{2} HB \, dv \,[\text{J}]$

   $w = \dfrac{1}{2} HB \,[\text{J}/\text{m}^3]$

예제 13

어떤 코일의 권수와 전류의 곱이 3000[AT]일 때 2×10^{-3}[Wb]의 자속이 발생하였다. 이 코일의 자기장 에너지는 몇 [J]인가?

① 3×10 ② 3 ③ 1.5×10 ④ 1.5

【해설】
$W = \dfrac{1}{2} N I \phi = \dfrac{1}{2} \times 3000 \times 2 \times 10^{-3} = 3[\text{J}]$ 이다.

[답] ②

14. 전류가 자계 내에서 받는 힘

자속밀도 B[Wb/㎡]인 평등 자계 내에 직선전류 I[A]가 받는 힘은 전류와 자속밀도의 곱에 비례한다.
l[m]은 도선의 길이이다.
$\vec{F} = (I \times B)l$ [N]
$F = IBl\sin\theta$ [N]

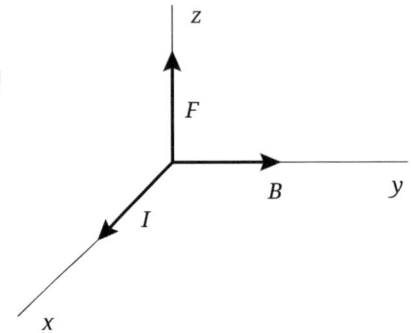

〈자계 중에서 전류가 받는 힘〉

예제 14

자속밀도 0.1[Wb/㎡]인 평등 자계 내에 자계와 직각방향으로 놓인 직선전류 10[A]가 받는 힘은 몇 [N]인가? (단, 도선의 길이는 10[cm]이다.)

① 0.1 ② 10 ③ 0.2 ④ 20

【해설】
$F = IBl\sin\theta = 10 \times 0.1 \times 0.1 \times 1 = 0.1$ [N]

[답] ①

---

15. 플레밍(Fleming)의 왼손 법칙

• 왼손의 엄지, 검지, 중지를 상호 직각으로 놓으면 다음과 같다.
① 엄지 : 힘의 방향 F[N]
② 검지 : 자속 밀도 B[Wb/m^2]
③ 중지 : 전류 I[A]
$F = (I \times B)l$ [N]
여기서 l 은 도선의 길이이다.
플레밍의 왼손법칙은 직류 전동기의 원리이다.

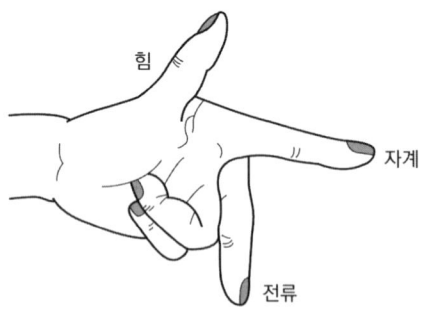

〈플레밍의 왼손 법칙〉

예제 15

플레밍의 왼손 법칙에서 엄지손가락의 방향은 무엇의 방향인가?
① 전류의 반대 방향
② 자력선의 방향
③ 전류의 방향
④ 힘의 방향

【해설】
- 엄지 : 힘의 방향 $F[\mathrm{N}]$
- 검지 : 자속 밀도 $B[\mathrm{Wb/m^2}]$
- 중지 : 전류 $I[\mathrm{A}]$

[답] ④

16 평행한 두 도선에 전류가 흐르는 경우 전자력

1) 전자력(electromagnetic force)의 크기

그림과 같이 $d[\mathrm{m}]$의 거리를 두고 평행한 두 도선에 전류 $I_1, I_2[\mathrm{A}]$가 흐를 때 두 도선 사이에는 전자력(electromagnetic force)이 작용한다.

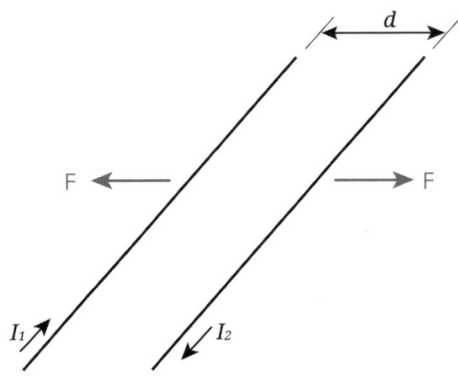

〈평행도선의 전류사이 전자력〉

(1) $I_1[\text{A}]$가 $d[\text{m}]$ 떨어진 곳에 만드는 자계의 세기 $H_1[\text{A/m}]$ 및 자속밀도 $B_1[\text{Wb/m}^2]$는 암페어의 주회적분의 법칙으로 구한다.

$$\oint H_1 \, dl = I_1[\text{A}]$$

$$H_1 l = I_1, \quad H_1 2\pi d = I_1$$

자계의 세기 $H_1 = \dfrac{I_1}{2\pi d}[\text{A/m}]$

자속밀도 $B_1 = \mu_0 H_1 = \dfrac{\mu_0 I_1}{2\pi d}[\text{Wb/m}^2]$

(2) 평등자계 $B_1[\text{Wb/m}^2]$ 내에서 B_1과 직각방향으로 $I_2[\text{A}]$의 전류가 흐르면 플레밍(Fleming)의 왼손 법칙에 의한 전자력 F가 작용한다.

$$\begin{aligned} F &= I_2 B_1 [\text{N/m}] \\ &= \dfrac{\mu_0 I_1 I_2}{2\pi d}[\text{N/m}] \\ &= \dfrac{4\pi \times 10^{-7} I_1 I_2}{2\pi d}[\text{N/m}] \\ &= \dfrac{2 I_1 I_2}{d} \times 10^{-7}[\text{N/m}] \end{aligned}$$

위 식에서 진공의 투자율 $\mu_0 = 4\pi \times 10^{-7}[\text{H/m}]$이다.

$I_1 = I_2$인 경우에는 다음 식과 같다.

$$\begin{aligned} F &= \dfrac{2 I_1 I_2}{d} \times 10^{-7}[\text{N/m}] \\ &= \dfrac{2 I^2}{d} \times 10^{-7}[\text{N/m}] \end{aligned}$$

2) 전자력 방향
   ① 두 전류의 방향이 같으면 흡인력이다.
   ② 두 전류의 방향이 반대면 반발력이다.

예제 16

전류 $I_1[A]$, $I_2[A]$가 각각 같은 방향으로 흐르는 평행 도선이 r[m] 간격으로 공기 중에 놓여있을 때 도선 간에 작용하는 힘은?

① $\dfrac{2I_1I_2}{r} \times 10^{-7}$[N/m], 흡인력

② $\dfrac{2I_1I_2}{r} \times 10^{-7}$[N/m], 반발력

③ $\dfrac{2I_1I_2}{r^2} \times 10^{-3}$[N/m], 흡인력

④ $\dfrac{2I_1I_2}{r^2} \times 10^{-7}$[N/m], 반발력

【해설】

- $\dfrac{2I_1I_2}{r} \times 10^{-7}$[N/m]이며 흡인력이다.

[답] ①

17 로렌쯔(Lorentz)의 힘

1) 평등자계 $B[\text{Wb/m}^2]$와 직각으로 전하 $q[C]$이 $v[\text{m/s}]$속도로 돌입하면 원운동을 한다.

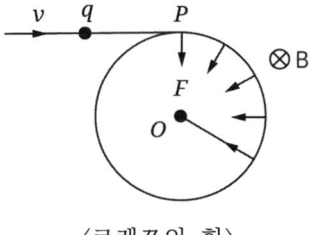

〈로렌쯔의 힘〉

2) 전류는 전하의 이동이다. 전하 $q[C]$이 $v[\text{m/s}]$속도로 이동하는 것은 임의의 위치에서 전류 $I[A]$가 미소길이 $dl[\text{m}]$의 도선에 흐르는 경우와 같다.

$$qv = Idl \left[C \cdot \dfrac{\text{m}}{\text{s}} = A \cdot \text{m} \right]$$

플레밍의 왼손 법칙에서 평등자계 $B[\text{Wb/m}^2]$와 수직으로 전류 $I[\text{A}]$가 흐를 때 전류가 받는 전자력 $F[\text{N}]$이다.
$$\vec{F} = Idl \times B[\text{N}] = q(v \times B)[\text{N}]$$
또한, 전하 $q[\text{C}]$이 전계의 세기 $E[\text{V/m}]$인 곳에 있으면
$$\vec{F} = qE[\text{N}]$$의 힘을 받는다.
따라서 전계와 자계가 함께 있는 공간에 전하 $q[\text{C}]$이 $v[\text{m/s}]$ 속도로 이동하면 $q(v \times B)[\text{N}]$와 $qE[\text{N}]$가 동시에 작용한다.

3) $\vec{F} = q(v \times B + E)[\text{N}]$은 로렌쯔(Lorentz)의 힘이라 한다.
$v \times B = E[\text{V/m}]$

4) 원 운동의 반지름

평등자계 $B[\text{Wb/m}^2]$와 수직으로 전하 $q[\text{C}]$이 $v[\text{m/s}]$ 속도로 돌입하면 원운동을 한다. 이것은 구심력으로 작용하는 $qvB[\text{N}]$이 원심력 $\dfrac{mv^2}{r}[\text{N}]$과 평형을 유지하기 때문이다.

$$qvB = \dfrac{mv^2}{r}[\text{N}]$$

여기서, $r[\text{m}]$은 원의 반지름, $m[\text{kg}]$은 전하의 질량, $v[\text{m/s}]$은 전하의 이동 속도이다.

① 원운동의 반지름 $r = \dfrac{mv}{qB}[\text{m}]$

② 원운동의 주기 $T = \dfrac{2\pi r}{v} = \dfrac{2\pi m}{qB}[\text{S}]$

③ 주파수 $f = \dfrac{1}{T} = \dfrac{qB}{2\pi m}[\text{Hz}]$

④ 각주파수 $\omega = 2\pi f = \dfrac{qB}{m}[\text{rad/s}]$

예제 17

평등자계에 수직으로 일정 속도의 전자가 입사할 때 전자의 궤적은 어떻게 되는가?
① 직선　　　② 포물선　　　③ 원　　　④ 쌍곡선

【해설】
원 운동을 한다.

[답] ③

Chapter 07. 정자계

적중실전문제

1. 공기 중에서 2.5×10^{-4}[Wb]와 4×10^{-3}[Wb]의 두 자극 사이에 작용하는 힘이 6.33[N]이었다면 두 자극간의 거리[cm]는?

① 1   ② 5   ③ 10   ④ 100

해설 1

$F = 6.33 \times 10^4 \times \dfrac{m_1 m_2}{r^2} = 6.33 \text{[N]}$

$r = \sqrt{10^4 \times 2.5 \times 10^{-4} \times 4 \times 10^{-3}} = 0.1 \text{[m]} = 10 \text{[cm]}$

[답] ③

2. 자계의 세기를 표시하는 단위와 관계없는 것은? (단, A:전류, N:힘, Wb:자속, H:인덕턴스, m:길이의 단위이다.)

① [A/m]   ② [N/Wb]   ③ [Wb/H]   ④ [Wb/Hm]

해설 2

전류에 의한 자계의 세기 [A/m], 자하에 의한 자계의 세기 [N/Wb],

$B = \mu H, \ H = \dfrac{B}{\mu} \ \left[\dfrac{\text{Wb/m}^2}{\text{H/m}} = \text{Wb/Hm} \right]$

[답] ③

3. 전류의 세기가 I[A], 반지름 r[m]인 원형 선전류 중심에 m[Wb]의 자하가 놓이면 자하가 받는 힘은 얼마인가?

① $\dfrac{mI}{2\pi r}$ ② $\dfrac{mI}{2r}$ ③ $\dfrac{mI^2}{2\pi r}$ ④ $\dfrac{mI}{2\pi r^2}$

해설 3

$F = mH\text{[N]}, \ H = \dfrac{I}{2r} \text{[A/m]}$

[답] ②

4. 자극의 크기 $m = 4[Wb]$의 점 자극으로부터 $r = 4[m]$ 떨어진 점의 자계의 세기[AT/m]는?

① 7.9×10^3 ② 6.3×10^4
③ 1.6×10^4 ④ 1.3×10^3

해설 4

$H = 6.33 \times 10^4 \times \dfrac{m}{r^2} = 6.33 \times 10^4 \times \dfrac{4}{4^2} = 1.5825 \times 10^4 [AT/m] \fallingdotseq 1.6 \times 10^4 [AT/m]$

[답] ③

5. 자계의 세기 $1000[AT/m]$ 내에 어떤 자극을 놓았을 때 $3 \times 10^2 [N]$의 힘을 받았다고 한다. 자극의 세기는 몇[Wb]인가?

① 0.1 ② 0.2 ③ 0.3 ④ 0.4

해설 5

$F = mH[N], \ m = \dfrac{F}{H} = \dfrac{3 \times 10^2}{1,000} = 0.3[Wb]$

[답] ③

6. 암페어의 주회 적분의 법칙은 직접적으로 다음의 어느 관계를 표시하는가?
① 전하와 전계
② 전류와 인덕턴스
③ 전류와 자계
④ 전하와 전위

해설 6

암페어의 주회 적분의 법칙은 전류가 만드는 대칭적인 자계의 세기를 구하는 식이다.

$\oint_c H \cdot dl = I[A]$

[답] ③

7. 직선 전류가 그 주위에 만드는 환상의 자계 방향으로 알맞은 것은?

① 전류의 방향
② 전류와 반대 방향
③ 오른나사의 진행 방향
④ 오른나사의 회전 방향

해설 7
전류가 오른나사의 진행 방향이면 자계는 오른나사의 회전 방향이다.

[답] ④

8. 그림과 같이 전류 I[A]가 흐르고 있는 직선 도체로부터 r[m] 떨어진 P점의 자계의 세기 및 방향을 바르게 나타낸 것은? (단, ⓧ은 지면을 들어가는 방향 ⊙은 지면을 나오는 방향)

① $\dfrac{I}{2\pi r}$ ⓧ
② $\dfrac{I}{2\pi r}$ ⊙
③ $\dfrac{Idl}{2\pi r}$ ⓧ
④ $\dfrac{Idl}{2\pi r}$ ⊙

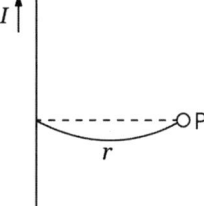

해설 8
암페어의 오른나사법칙을 적용하면 그림의 오른쪽은 자계가 들어가는 방향이다.
자계의 세기는 $H = \dfrac{I}{2\pi r}$ [AT/m]이다.

[답] ①

9. 무한 직선 도체의 전류에 의한 자계가 직선 도체로부터 1[m] 떨어진 점에서 1[AT/m]로 될 때 도체의 전류 크기는 몇 [A]인가?

① $\dfrac{\pi}{2}$
② π
③ $\dfrac{3\pi}{2}$
④ 2π

해설 9
$H = \dfrac{I}{2\pi r}$ [A/m] → $I = H2\pi r = 1 \times 2\pi \times 1 = 2\pi$ [A]

[답] ④

10. 전류가 흐르는 무한장 도선으로부터 1[m]되는 점의 자계의 세기는 2[m]되는 점의 자계세기의 몇 배가 되는가?

① 2배   ② $\dfrac{1}{2}$배

③ 4배   ④ $\dfrac{1}{4}$배

해설 10

자계의 세기는 거리에 반비례하므로 1[m]점의 자계의 세기가 2[m]점의 자계의 세기의 2배이다.

$H_1 = \dfrac{I}{2\pi \times 1}$[A/m], $H_2 = \dfrac{I}{2\pi \times 2}$[A/m], ∴ $\dfrac{H_1}{H_2} = 2$배

[답] ①

11. 전 전류 I[A]가 반지름 a[m]의 원주를 흐를 때 원주 내부 중심에서 r[m] 떨어진 원주내부의 점의 자계 세기 [AT/m]는?

① $\dfrac{rI}{2\pi a^2}$ ② $\dfrac{I}{2\pi a^2}$

③ $\dfrac{rI}{\pi a^2}$ ④ $\dfrac{I}{\pi a^2}$

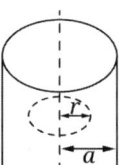

해설 11

원주 내부의 자계의 세기는 축으로부터 거리에 비례한다.

[답] ①

12. 반지름 a[m]인 무한장 원통형 도선에 전류가 균일하게 흐를 때 도체 내부의 자계의 세기는?

① 축으로부터 거리에 비례한다.
② 축으로부터 거리에 반비례한다.
③ 축으로부터 거리의 제곱에 비례한다.
④ 축으로부터 거리의 제곱에 반비례한다.

해설 12

도선 내부의 자계의 세기는 $H = \dfrac{rI}{2\pi a^2}$ [AT/m]이다.

따라서 축으로부터 거리에 비례한다.

[답] ①

13. 그림과 같은 l_1[m]에서 l_2[m]까지 전류 i[A]가 흐르고 있는 직선 도체에서 수직 거리 a[m] 떨어진 점 P의 자계 [AT/m]를 구하면?

① $\dfrac{I}{4\pi a}(\sin\theta_1 + \sin\theta_2)$

② $\dfrac{I}{4\pi a}(\cos\theta_1 + \cos\theta_2)$

③ $\dfrac{I}{2\pi a}(\sin\theta_1 + \sin\theta_2)$

④ $\dfrac{I}{2\pi a}(\cos\theta_1 + \cos\theta_2)$

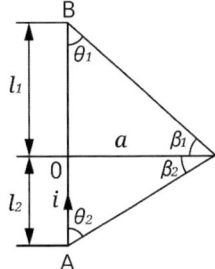

해설 13

l_1, l_2가 무한히 길어지면 $\dfrac{I}{2\pi a}$ [AT/m]이다. $\cos\theta_1, \cos\theta_2$은 l_1, l_2가 무한히 길어지면 θ_1, θ_2은 0이 된다. $\cos 0° = 1$이다.

[답] ②

14. 그림과 같은 길이 $\sqrt{3}$[m]인 유한장 직선도선에 π[A]의 전류가 흐를 때 도선의 일단 B에서 수직하게 1[m]되는 P점의 자계의 세기 [AT/m]는?

① $\dfrac{\sqrt{3}}{8}$ ② $\dfrac{\sqrt{3}}{4}$

③ $\dfrac{\sqrt{3}}{2}$ ④ $\sqrt{3}$

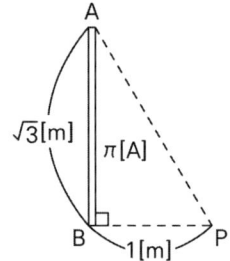

해설 14

유한장 직선도선 전류에 의한 자계의 세기이다.

$H = \dfrac{I}{4\pi r}\cos\theta = \dfrac{\pi}{4\pi \times 1} \times \dfrac{\sqrt{3}}{2} = \dfrac{\sqrt{3}}{8}$ [AT/m]

[답] ①

15. 반지름이 2[m], 권수가 100회인 원형코일의 중심에 30[AT/m]의 자계를 발생시키려면 몇 [A]의 전류를 흘려야 하는가?

① 1.2[A]   ② 1.5[A]   ③ $\dfrac{150}{\pi}$[A]   ④ 150[A]

해설 15

$H = \dfrac{NI}{2a}$[AT/m] → $I = \dfrac{H2a}{N} = \dfrac{30 \times 2 \times 2}{100} = 1.2$[A]

[답] ①

16. 원형 코일의 축상 점 P의 자계에 대해서 원형 코일의 반지름을 1/2배, 중심으로부터 점 P까지의 거리도 1/2배로 하고 전류는 일정할 때 점 P의 자계는 처음의 몇 배인가?

① 4배 ② 2배 ③ $\sqrt{2}$ 배 ④ 불변

해설 16

$$H = \frac{a^2 I}{2(a^2+x^2)^{\frac{3}{2}}} \rightarrow H_{\frac{1}{2}} = \frac{\left(\frac{1}{2}a\right)^2 I}{2\left\{\left(\frac{1}{2}a\right)^2 + \left(\frac{1}{2}x\right)^2\right\}^{\frac{3}{2}}} = 2H$$

[답] ②

17. 반지름 a[m]인 원형 코일에 전류 I[A]가 흐를 때 코일 중심의 자계의 세기 [AT/m]는?

① $\frac{I}{2a}$ ② $\frac{I}{4a}$ ③ $\frac{I}{2\pi a}$ ④ $\frac{I}{4\pi a}$

해설 17

반지름 a[m]인 원형 코일에 전류 I[A]가 흐를 때 코일 중심의 자계의 세기는 $\frac{I}{2a}$ [AT/m]이다.

[답] ①

18. 반지름 40[cm]인 원형 코일에 전류100[A]가 흐르고 있다. 이때, 중심점에서의 자계의 세기 [AT/m]는?

① 125 ② 75 ③ 25 ④ 200

해설 18

$$H = \frac{I}{2a} = \frac{100}{2 \times 0.4} = 125 [\text{AT/m}]$$

[답] ①

19. 지름 10[cm]인 원형 코일에 1[A]의 전류를 흘릴 때 코일 중심의 자계를 1000[AT/m]로 하려면 코일을 몇 회 감으면 되는가?

① 200 ② 150 ③ 100 ④ 50

해설 19

$H = \dfrac{NI}{2a} \rightarrow N = \dfrac{H2a}{I} = \dfrac{1{,}000 \times 0.1}{1} = 100[T]$

[답] ③

20. 반지름 a[m]인 반원형 전류 I[A]에 의한 중심에서의 자계의 세기[AT/m]는?

① $\dfrac{I}{4a}$ ② $\dfrac{I}{a}$ ③ $\dfrac{I}{2a}$ ④ $\dfrac{2I}{a}$

해설 20

반원형 전류 I[A]에 의한 중심에서의 자계의 세기[AT/m]은 원전류의 $\dfrac{1}{2}$배이다.

[답] ①

21. 그림과 같이 반지름 1[m]의 반원과 2줄의 반무한장 직선으로 된 도선에 전류4[A]가 흐를 때 반원의 중심 O 에서의 자계의 세기[AT/m]는?

① 0.5 ② 1
③ 2   ④ 4

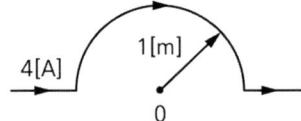

해설 21

① 반원전류 $H = \dfrac{I}{2a} \times \dfrac{1}{2} = \dfrac{I}{4a} = \dfrac{4}{4 \times 1} = 1[AT/m]$

② 반 무한장 직선 전류가 만드는 자계는 반원의 중심점 O와 관계없다.

[답] ②

22. 그림과 같이 반지름 a인 원의 일부($\frac{3}{4}$원)에만 무한장 직선을 연결시키고 화살표 방향으로 전류 I가 흐를 때 부분 원의 중심 0점의 자계의 세기를 구한 값은?

① 0 ② $\frac{3I}{4a}$

③ $\frac{I}{4\pi a}$ ④ $\frac{3I}{8a}$

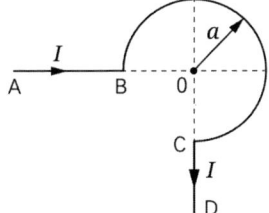

해설 22

$H = \frac{I}{2a} \times \frac{3}{4}$ [AT/m]

H_{AB}와 H_{CD}는 원의 중심 0점과 관계없다.

$\frac{3}{4}$원에 의한 자계의 세기 $H_{BC} = \frac{I}{2a} \times \frac{3}{4} = \frac{3I}{8a}$[AT/m]

[답] ④

23. 그림과 같이 반지름 a[m]인 원의 3/4되는 점 BC에 반무한장 직선 BA 및 CD가 연결되어 있다. 이 회로에 I[A]를 흘릴 때 원 중심 0의 자계의 세기 [AT/m]는?

① $\frac{(\pi+1)I}{2\pi a}$ ② $\frac{(3\pi-2)I}{8\pi a}$

③ $\frac{(3\pi+2)I}{8\pi a}$ ④ $\frac{3I}{8a}$

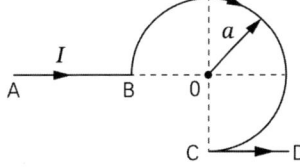

해설 23

$H = H_{BC} - H_{CD} = \frac{I}{2a} \times \frac{3}{4} - \frac{I}{4\pi a}$

H_{AB}는 원 중심점 0와 무관하고, H_{BC}와 H_{CD}가 중심 0에 자계를 만든다.
H_{BC}와 H_{CD}의 자계 방향은 반대 방향이다.

$H = H_{BC} - H_{CD} = \frac{I}{2a} \times \frac{3}{4} - \frac{I}{4\pi a} = \frac{3I}{8a} - \frac{I}{4\pi a} = \frac{(3\pi-2)I}{8\pi a}$[AT/m]

[답] ②

★★★★★

24. 반지름 2[m], 권수가 100회인 환상 솔레노이드의 중심에 30[AT/m]의 자계를 발생시키려면 몇 [A]의 전류를 흘려야 하는가?

① $\dfrac{12}{10}\pi$ ② $\dfrac{3}{4}\times 10^3$ ③ $\dfrac{300}{2\pi}$ ④ $\dfrac{300}{3\pi}$

해설 24

환상 솔레노이드의 중심의 자계의 세기

$H=\dfrac{NI}{2\pi a} \rightarrow I=\dfrac{H2\pi a}{N}=\dfrac{30\times 2\pi\times 2}{100}=\dfrac{12\pi}{10}[A]$

[답] ①

★★★★★

25. 환상 솔레노이드의 단위 길이당 권수를 n[회/m], 전류를 I[A], 반지름을 a[m]라 할 때 솔레노이드 외부의 자계의 세기는 몇 [AT/m]인가? (단, 주위 매질은 공기이다.)

① 0 ② nI ③ $\dfrac{I}{4\pi\epsilon_0 a}$ ④ $\dfrac{nI}{2a}$

해설 25

내부 자계의 세기 $H=nI[AT/m]$, 외부 자계의 세기 $H=0$

[답] ①

★★★★★

26. 한 변의 길이가 2[cm]인 정삼각형 회로에 100[mA]의 전류를 흘릴 때 삼각형의 중심점의 자계의 세기[AT/m]는?

① 3.6 ② 5.4 ③ 7.2 ④ 2.7

해설 26

정삼각형 중심의 자계의 세기

$H=\dfrac{9I}{2\pi l}=\dfrac{9\times 100\times 10^{-3}}{2\pi\times 0.02}\fallingdotseq 7.2[AT/m]$

[답] ③

27. 8[m]길이의 도선으로 만들어진 정방형 코일에 π[A]가 흐를 때 중심에서의 자계의 세기 [A/m]는?

① $\dfrac{\sqrt{2}}{2}$ ② $\sqrt{2}$ ③ $2\sqrt{2}$ ④ $4\sqrt{2}$

해설 27

$H = \dfrac{2\sqrt{2}\,I}{\pi \ell} = \dfrac{2\sqrt{2}\,\pi}{\pi \times 2}$ [A/m] : 정방형 = 정사각형

[답] ②

28. 무한장 솔레노이드에 전류가 흐를 때 발생되는 자장에 관한 설명 중 옳은 것은?
① 내부 자장은 평등 자장이다.
② 외부와 내부 자장의 세기는 같다.
③ 외부 자장은 평등 자장이다.
④ 내부 자장의 세기는 0이다.

해설 28

무한장 솔레노이드 외부의 자장의 세기는 0이고 내부 자장의 세기는 평등 자장이다.

[답] ①

29. 지름 a[m]인 원에 내접하는 정 n변형의 회로에 I[A]가 흐를 때, 그 중심에서의 자계의 세기 [AT/m]는?

① $\dfrac{nI \tan \dfrac{\pi}{n}}{2\pi a}$ ② $\dfrac{nI \sin \dfrac{\pi}{n}}{2\pi a}$

③ $\dfrac{nI \tan \dfrac{\pi}{n}}{\pi a}$ ④ $\dfrac{nI \sin \dfrac{\pi}{n}}{2\pi a}$

해설 29

유한장 직선 전류에 의한 자계의 세기가 n개 있는 경우로 계산한다.

① $H = \dfrac{I}{4\pi r}(\sin \dfrac{\pi}{n} + \sin \dfrac{\pi}{n}) \times n [\text{AT/m}]$

② $r = \dfrac{a}{2} \cos \dfrac{\pi}{n}$

③ $\dfrac{\sin \dfrac{\pi}{n}}{\cos \dfrac{\pi}{n}} = \tan \dfrac{\pi}{n} [\text{AT/m}]$

④ $H = \dfrac{nI}{\pi a} \tan \dfrac{\pi}{n} [\text{AT/m}]$

[답] ③

30. 자위의 단위 [J/Wb]와 같은 것은?

① [A]   ② [A/m]   ③ [A·m]   ④ [Wb]

해설 30

자위의 단위는 [J/Wb] = [A]이다.

[답] ①

31. m[Wb]의 점 자극에 의한 자계 중에서 r[m] 거리에 있는 점의 자위는?

① r에 비례한다. ② r에 반비례한다.
③ r^2에 비례한다. ④ r^2에 반비례한다.

해설 31

$U = \dfrac{m}{4\pi\mu_0 r}$[A], 자위는 r에 반비례한다.

[답] ②

32. 자기 쌍극자에 의한 자계는 쌍극자 중심으로부터의 거리의 몇 승에 반비례하는가?

① 1 ② $\dfrac{3}{2}$ ③ 2 ④ 3

해설 32

$H = \dfrac{M}{4\pi\mu_0 r^3}\sqrt{1+3\cos^2\theta}$ [A/m]

자계의 세기는 r^3에 반비례한다.

[답] ④

33. 100회 코일에 2.5[A]의 전류가 흐른다면 기자력은 몇 [AT]이겠는가?

① 250 ② 500 ③ 1000 ④ 2000

해설 33

기자력은 권선수와 전류의 곱이다.
$NI = 100 \times 2.5 = 250$[AT]

[답] ①

34. 판자석의 세기가 0.01[Wb/m], 반지름이 5[cm]인 원형 판자석이 있다. 자석의 중심에서 축상 10[cm]인 점에서의 자위의 세기는 몇[AT]인가?

① 100　　② 175　　③ 370　　④ 420

해설 34

$$U = \frac{M_\delta}{4\pi\mu_0}2\pi(1-\cos\theta)[A]$$

$$= \frac{0.01}{2\times 4\pi \times 10^{-7}}\left(1-\frac{0.1}{\sqrt{0.1^2+0.05^2}}\right) = 420.06[AT]$$

[답] ④

35. 진공 중에서 4π[Wb]의 자하로부터 발산되는 총 자력선의 수는?

① 4π　　② 10^7　　③ $4\pi \times 10^7$　　④ $\dfrac{10^7}{4\pi}$

해설 35

$$\frac{m}{\mu_0} = \frac{4\pi}{4\pi \times 10^{-7}} = 10^7 [개]$$

[답] ②

36. 단면적 4[cm²]의 철심에 6×10^{-4}[Wb]의 자속을 통하게 하려면 2800[AT/m]의 자계가 필요하다. 이 철심의 비투자율은?

① 43　　② 75　　③ 12　　④ 426

해설 36

$$\phi = BS = \mu_0\mu_s HS [Wb]$$

$$\mu_s = \frac{\phi}{\mu_0 HS} = \frac{6\times 10^{-4}}{4\pi \times 10^{-7}\times 2,800 \times 4\times 10^{-4}} = 426$$

[답] ④

37. 자극의 세기 8×10^{-6}[Wb], 길이 5[cm]인 막대자석을 150[AT/m]의 평등 자계 내에 자계와 30°의 각도로 놓았다면 자석이 받는 회전력 [N·m]은?

① 1.2×10^{-2} ② 3×10^{-5} ③ 5.2×10^{-6} ④ 2×10^{-7}

해설 37

$T = mlH\sin\theta$ [N · m]

$T = 8 \times 10^{-6} \times 0.05 \times 150 \times \dfrac{1}{2} = 3 \times 10^{-5}$ [N · m]

[답] ②

38. 전류 2π[A]가 흐르고 있는 무한 직선도체로부터 2[m]만큼 떨어진 자유 공간 내 P점의 자속밀도[Wb/m²]는?

① $\dfrac{\mu_0}{8}$ ② $\dfrac{\mu_0}{4}$ ③ $\dfrac{\mu_0}{2}$ ④ μ_0

해설 38

$B = \mu_0 H = \dfrac{\mu_0 I}{2\pi r} = \dfrac{\mu_0}{2}$ [Wb/m²]

[답] ③

39. 평등 자계 내에 수직으로 돌입한 전자의 궤적은?

① 원운동을 하는데, 원의 반지름은 자계의 세기에 비례한다.
② 구면 위에서 회전하고 반지름은 자계의 세기에 비례한다.
③ 원운동을 하고 반지름은 전자의 처음 속도에 반비례한다.
④ 원운동을 하고, 반지름은 자계의 세기에 반비례한다.

해설 39

로렌쯔의 힘 : $qvB = \dfrac{mv^2}{r}$ [N]

여기서 r[m] : 원의 반지름, m[kg] : 전하의 질량, v[m/s] : 전하의 이동 속도

원운동의 반지름 $r = \dfrac{mv}{qB}$ [m]

[답] ④

★★☆☆☆

40. 자계 B의 안에 놓여있는 전류 I의 회로 C가 받는 힘 F의 식으로 옳은 것은?

① $F = \oint_c (Idl) \times B$ ② $F = \oint_c (IB) \times dl$

③ $F = \oint_c (Idl) \cdot (B)$ ④ $F = \oint_c (-IB) \cdot (dl)$

해설 40

$F = (I \times B)dl = Idl \times B$ [N]
전자력은 전류와 자계의 외적으로 계산한다.

[답] ①

★★★★★

41. 자속 밀도가 B = 30[Wb/m²]의 자계 내에 I = 5[A]의 전류가 흐르고 있는 길이 l = 1[m]의 직선 도체를 자계의 방향에 대해서 60°의 각을 짓도록 놓았을 때 이 도체에 작용하는 힘[N]을 구하면?

① 75   ② 150   ③ 130   ④ 120

해설 41

$F = IBl \sin\theta$, $F = 5 \times 30 \times 1 \times \dfrac{\sqrt{3}}{2} = 130$ [N]

[답] ③

★★★★★

42. 자계 내에서 도선에 전류를 흘려보낼 때 도선을 자계에 대해 60°의 각으로 놓았을 때 작용하는 힘은 30° 각으로 놓았을 때 작용하는 힘의 몇 배인가?

① 1.2   ② 1.7
③ 3.1   ④ 3.6

해설 42

$\dfrac{IBl \sin 60°}{IBl \sin 30°} = \dfrac{\frac{\sqrt{3}}{2}}{\frac{1}{2}} = 1.732$

[답] ②

43. 전류가 흐르는 도선을 자계 안에 놓으면, 이 도선에 힘이 작용한다. 평등 자계의 진공 중에 놓여있는 직선 전류도선이 받는 힘에 대하여 옳은 것은?
① 전류의 세기에 반비례한다.
② 도선의 길이에 비례한다.
③ 자계의 세기에 반비례한다.
④ 전류와 자계의 방향이 이루는 각 $\tan\theta$에 비례한다.

해설 43

전류가 흐르는 도선을 자계 안에 놓으면 $F = IBl\sin\theta [\text{N}]$의 전자력을 받는다.

[답] ②

44. 전류 $I_1[\text{A}]$, $I_2[\text{A}]$가 각각 같은 방향으로 흐르는 평행 도선이 r[m]간격으로 공기 중에 놓여 있을 때 도선 간에 작용하는 힘은?

① $\dfrac{2I_1 I_2}{r} \times 10^{-7} [\text{N/m}]$, 흡인력

② $\dfrac{2I_1 I_2}{r} \times 10^{-7} [\text{N/m}]$, 반발력

③ $\dfrac{2I_1 I_2}{r^2} \times 10^{-3} [\text{N/m}]$, 흡인력

④ $\dfrac{2I_1 I_2}{r^2} \times 10^{-7} [\text{N/m}]$, 반발력

해설 44

- $F = \dfrac{2I_1 I_2}{r} \times 10^{-7} [\text{N/m}]$
- 두 전류의 방향이 같으면 흡인력이 작용한다.

[답] ①

45. 전하 q[C]이 진공 중의 자계 H[A/m]에 수직 방향으로 v[m/s]의 속도로 움직일 때 받는 힘[N]은? (단, 진공 중의 투자율은 μ_0이다.)

① $\dfrac{qH}{\mu_0 v}$ ② $\mu_0 vH$

③ $\dfrac{1}{\mu_0}qvH$ ④ $\mu_0 qvH$

해설 45

$F = qvB = qv\mu_0 H$[N]

[답] ④

46. 0.2[C]의 점전하가 전계 $E = 5j + k$[V/m] 및 자속밀도 $B = 2j + 5k$ [Wb/m²] 내로 속도 $v = 2i + 3j$[m/s]로 이동할 때 점전하에 작용하는 힘 F[N]는? (단, i, j, k는 단위 벡터이다.)

① $2i - j + 3k$ ② $3i - j + k$
③ $i + j - 2k$ ④ $5i + j - 3k$

해설 46

$F = q(E + v \times B)$[N]
① $qE = 0.2(5j + k) = j + 0.2k$[N]
② $qv \times B = 0.2(2i + 3j) \times (2j + 5k) = 0.2(4k - 10j + 15i)$
  $= 0.8k - 2j + 3i$[N]
③ $F = 3i - j + k$[N]

[답] ②

47. v[m/s]의 속도로 전자가 B[Wb/m²]의 평등 자계에 직각으로 들어가면 원운동을 한다. 이 때 각주파수 ω[rad/s] 및 주기 T[s]는?
(단, 전자의 질량은 m, 전자의 전하는 e이다.)

① $\omega = \dfrac{m}{eB}, \quad T = \dfrac{eB}{2\pi m}$

② $\omega = \dfrac{eB}{m}, \quad T = \dfrac{2\pi m}{eB}$

③ $\omega = \dfrac{mv}{eB}, \quad T = \dfrac{2\pi B}{mv}$

④ $\omega = \dfrac{em}{B}, \quad T = \dfrac{2\pi m}{Bv}$

해설 47

로렌쯔의 힘과 원심력과의 관계식이다.

$$evB = \dfrac{mv^2}{r}\text{[N]}$$

여기서, r[m]은 원의 반지름, m[kg]은 전하의 질량, v[m/s]은 전하의 이동 속도이다.

원운동의 반지름 $r = \dfrac{mv}{eB}$[m]

원운동의 주기 $T = \dfrac{2\pi r}{v} = \dfrac{2\pi m}{eB}$[S]

주파수 $f = \dfrac{1}{T} = \dfrac{eB}{2\pi m}$[Hz]

각주파수 $\omega = 2\pi f = \dfrac{eB}{m}$[rad/s]

[답] ②

48. 평등자계에 수직으로 일정 속도의 전자가 입사할 때 전자의 궤적은 어떻게 되는가?

① 직선　　② 포물선　　③ 원　　④ 쌍곡선

해설 48

로렌쯔의 힘이 구심력으로 작용하여 원운동을 한다.

[답] ③

49. 자계의 세기 H[AT/m], 자속밀도 B[Wb/m²], 투자율 μ[H/m]인 곳의 자계의 에너지 밀도는 몇 [J/m³]인가?

① BH　　② $\dfrac{1}{2\mu}H^2$　　③ $\dfrac{1}{2}\mu H$　　④ $\dfrac{1}{2}BH$

해설 49

자계의 에너지 밀도는 $\dfrac{1}{2}BH$[J/m³]이다.

[답] ④

50. 그림과 같이 반지름 a[m]인 원의 임의의 두 점 A, B(각도 θ)사이에 전류 I[A]가 흐른다. 원의 중심 O에서의 자계의 세기[AT/m]는?

① $\dfrac{I\theta}{4\pi a^2}$　　② $\dfrac{I\theta}{4\pi a}$

③ $\dfrac{I\theta}{2\pi a^2}$　　④ $\dfrac{I\theta}{2\pi a}$

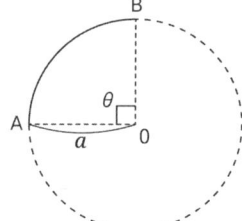

해설 50

$H = \dfrac{I}{2a} \times \dfrac{\theta}{2\pi} = \dfrac{I\theta}{4\pi a}$ [AT/m]

[답] ②

51. 평등 자계 중의 자계와 수직방향으로 전류 도선을 놓으면 N, S극이 만드는 자계와 전류에 의한 자계와의 상호작용에 의하여 자계의 합성이 이루어지고 전류 도선은 힘을 받는다. 이러한 힘을 무엇이라 하는가?

① 전자력　　② 기전력　　③ 자기력　　④ 전기력

해설 51

플레밍의 왼손 법칙에 따라 평등 자계와 수직방향으로 전류 도선을 놓으면 전자력을 받는다.

[답] ①

자성체와 자기회로

01. 자성체

02. 자화율, 비자화율, 자화의 세기

03. 자계에서의 가우스(Gauss)의 법칙

04. 강자성체의 성질

05. 자성체 경계면의 경계조건

06. 자기회로

● 적중실전문제

Chapter 08 자성체와 자기회로

01 자성체

1) **자화**
   자계 중에서 자석과 같은 성질을 갖는 것을 자화라 한다.

2) **자성체**
   자계 중에서 자화되는 물체이다.

   (1) 상자성체
   ① 자석의 N극 가까이에 물체를 놓을 때 가까운 곳은 S극, 먼 곳은 N극이 되는 물체
   ② 알루미늄, 팔라듐, 공기 등이다.

   (2) 반(역)자성체
   ① 자석의 N극 가까이에 물체를 놓을 때 가까운 곳은 N극, 먼 곳은 S극이 되는 물체
   ② 금, 은, 납, 구리 등이다.

   (3) 강자성체
   ① 상자성체와 같은 방향으로 자화되는 물체이나 훨씬 강하게 자화된다.
   ② 철(Fe), 니켈(Ni), 코발트(Co)와 이들의 합금이다.

   (4) 비투자율
   비투자율은 진공의 투자율에 대한 투자율의 비이다.

   $$투자율\ \mu = \mu_0 \mu_s [\mathrm{H/m}], \quad 비투자율\ \mu_s = \frac{\mu}{\mu_0}$$

   ① 상자성체 : $\mu_s > 1$
   ② 강자성체 : $\mu_s \gg 1$
   ③ 반(역)자성체 : $\mu_s < 1$

물 질	비 투 자 율	비 고
창 연	0.99983	반 자 성 체
수 은	0.999968	반 자 성 체
금	0.999964	반 자 성 체
은	0.99998	반 자 성 체
납	0.999983	반 자 성 체
구 리	0.999991	반 자 성 체
물	0.999991	반 자 성 체
진 공	1	
공 기	1.00000036	상 자 성 체
알 루 미 늄	1.000021	상 자 성 체
팔 라 듐	1.00082	상 자 성 체
코 발 트	250	강 자 성 체
니 켈	600	(비선형투자율)
철(순 도 98.8[%])	6000	강 자 성 체
철(고순도 99.95[%])	2×10^5	(비선형투자율)
슈퍼멀로이 (75[%] Ni, 5[%] Mo)	1×10^6	강 자 성 체 (비선형투자율)

예제 1

금속 물질 중에서 강자성체가 아닌 것은?
① 철   ② 니켈   ③ 백금   ④ 코발트

【해설】
강자성체 : 철(Fe), 니켈(Ni), 코발트(Co)

[답] ③

02 자화율, 비자화율, 자화의 세기

1) 자화율
$$x = \mu - \mu_0 = \mu_0(\mu_s - 1)$$

2) 비자화율
  진공 투자율에 대한 자화율의 비를 비자화율이라 한다.
$$\frac{x}{\mu_0} = \mu_s - 1$$

3) 자화의 세기
  (1) 자화된 물체의 단위체적당의 자기 모멘트(moment)
$$J = \frac{dM}{dv}[\text{Wb/m}^2]$$

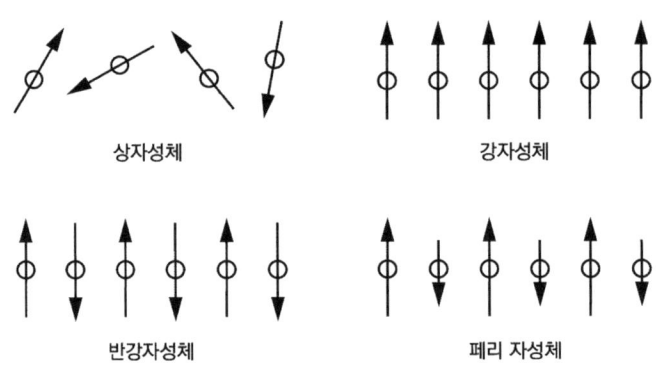

〈자성체 내의 자기 쌍극자 배열〉

유전체가 전계 중에서 변위에 의한 전기분극을 일으키는 경우처럼 그림과 같이 자기 쌍극자(magnetic dipole)의 N극과 S극이 외부자계의 방향으로 배열되어 자성체의 양 면에 +자극(N극)과 -자극(S극)을 일으킨다.
이 현상을 자기유도(magnetic induction)라 한다.

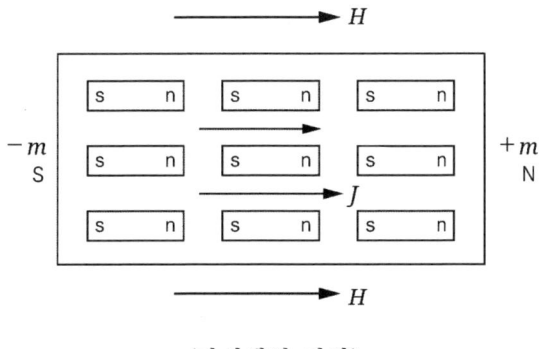

〈자성체의 자화〉

(2) 자성체의 유도 자하밀도가 자화의 세기와 같다.
$$J = \sigma_m [\text{Wb/m}^2]$$

(3) 자화의 세기
$$J = xH$$
$$= \mu_0(\mu_s - 1)H = B - \mu_0 H = \left(1 - \frac{1}{\mu_s}\right)B[\text{Wb/m}^2]$$
$$B = \mu_0 H + J = (\mu_0 + x)H = \mu_0 \mu_s H = \mu H[\text{Wb/m}^2]$$

강자성체에서 $\mu_s \gg 1$ 이므로 $\left(1 - \frac{1}{\mu_s}\right) ≒ 1$이 된다.

$$J = \left(1 - \frac{1}{\mu_s}\right)B ≒ B, \; J \text{가 } B \text{보다 약간 작다.}$$

(4) 평등자계 H_0 중에 강자성체를 놓아 자화되면, 자성체 내부의 자계 H는 H'만큼 감소된다.

① $H = H_0 - H'$

② $H' = \dfrac{N}{\mu_0}J$

여기서, N : 감자율, J : 자화의 세기, H' : 감자력

감자력 H'는 자화의 세기에 비례한다.

예제 2
강자성체의 자속 밀도 B의 크기와 자화의 세기 J의 크기 사이에는 어떠한 관계인가?
① J는 B보다 약간 크다.
② J는 B보다 대단히 크다.
③ J는 B보다 약간 작다.
④ J는 B보다 대단히 작다.

【해설】
강자성체의 경우 J가 B보다 약간 작다.

[답] ③

03 자계에서의 가우스(Gauss)의 법칙

자성체는 N, S극이 항상 공존한다.
따라서 +전하와 -전하가 각각 분리할 수 있는 유전체와 다르다.

- 임의의 폐곡면 S의 외향 법선 방향의 B의 성분을 B_n이라 하면 다음과 같은 식이 된다.

① $\int_s B_n ds = +m+(-m) = 0$

② 미분형 $div B = 0$

자석은 항상 N극과 S극이 공존하므로 발산이 없다.

예제 3
다음 중 항상 성립하는 식은?
① $div B = \rho$ ② $div B = 0$ ③ $B = \mu H$ ④ $div B = \mu H$

【해설】
자석은 항상 N극과 S극이 공존하므로 발산이 없다.

[답] ②

04 강자성체의 성질

강자성체에 교번자계를 가하면 자계의 세기 H와 자속밀도 B사이는 정비례 되지 않는다. 이들 관계 곡선을 B-H 곡선, 자화곡선, 자기이력곡선, 히스테리시스 루프(hysteresis loop)라 한다.
그림에서 B_r은 잔류자기 또는 잔류자속밀도이고 H_c는 보자력이다.

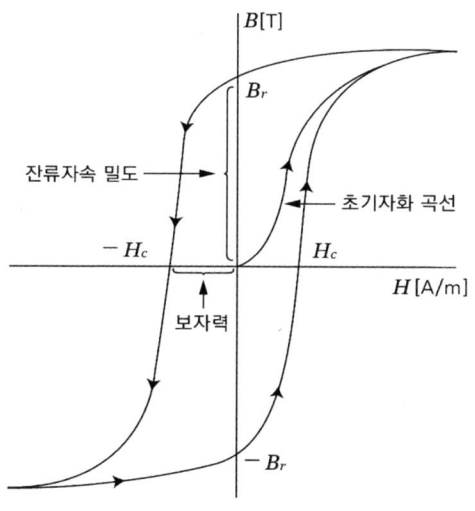

〈자성체의 B-H곡선〉

1) 영구자석재료는 B_r과 H_c가 모두 큰 재료가 좋다.
2) 일시자석재료는 B_r은 크고, H_c는 작은 재료가 좋다.

예제 4

영구 자석의 재료로 사용하는 철에 요구되는 사항은?
① 잔류 자기 및 보자력이 작은 것
② 잔류 자기가 크고 보자력이 작은 것
③ 잔류 자기가 작고 보자력이 큰 것
④ 잔류 자기 및 보자력이 큰 것

【해설】
잔류 자기 및 보자력이 커야 강하면서 자기력이 오래 지속된다.

[답] ④

05 자성체 경계면의 경계조건

• 투자율이 μ_1과 μ_2인 경계면에 전류가 없을 때 경계면은 다음과 같다.

1) 자속밀도 B의 법선 성분은 경계면의 양측에서 같다.
$$B_{1n} = B_{2n}$$
$$B_1 \cos\theta_1 = B_2 \cos\theta_2$$

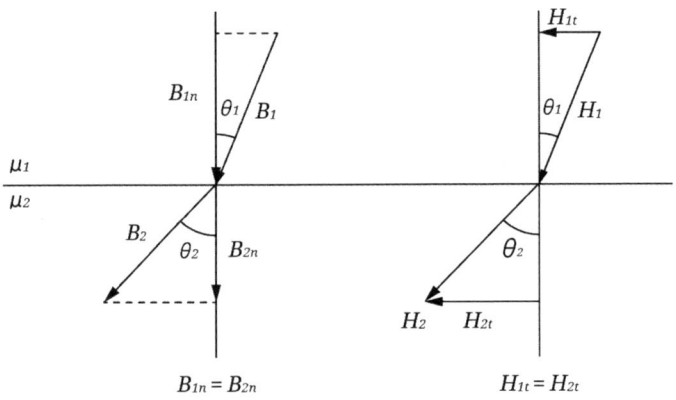

〈투자율이 다른 경계면에서 자속밀도와 자계의 성분〉

2) 자계 H의 접선 성분은 경계면의 양측에서 같다.
$$H_{1t} = H_{2t}$$
$$H_1 \sin\theta_1 = H_2 \sin\theta_2$$

3) 경계면의 양측에서 입사각과 굴절각은 투자율에 비례한다.
$$\frac{\mu_1}{\mu_2} = \frac{\tan\theta_1}{\tan\theta_2}$$

4) 예를 들어 $\mu_2 > \mu_1$인 조건이면 $\theta_2 > \theta_1$, $B_2 > B_1$, $H_2 < H_1$된다.

> **예제 5**
> 투자율이 각각 μ_1, μ_2인 두 자성체의 경계면에서 자계의 면에 대한 입사각, 굴절각을 θ_1, θ_2라 하면 그 관계식은 어느 것인가?
> ① $\dfrac{\sin\theta_1}{\sin\theta_2} = \dfrac{\mu_1}{\mu_2}$ ② $\dfrac{\cos\theta_1}{\cos\theta_2} = \dfrac{\mu_1}{\mu_2}$
> ③ $\dfrac{\tan\theta_1}{\tan\theta_2} = \dfrac{\mu_1}{\mu_2}$ ④ $\dfrac{\cot\theta_1}{\cot\theta_2} = \dfrac{\mu_1}{\mu_2}$
> 【해설】
> 경계면의 양측에서 입사각과 굴절각은 투자율에 비례한다.
>
> [답] ③

06 자기회로

1) 자기회로

자기회로는 자기 에너지의 통로이다.
전기회로는 전기 에너지의 통로이다.
자기회로를 전기회로와 비교하여 생각할 수 있다.

2) 자기회로의 Ohm의 법칙

(1) $\phi = \dfrac{NI}{R_m}$ [Wb]

자기회로에서 자속 ϕ는 기자력 NI에 비례하고 자기저항 R_m에 반비례한다.
기자력 NI[AT]은 자속을 만드는 원천이다.
R_m[AT/Wb]은 자기저항(리럭턴스 : reluctance)이며,
자기저항의 역수를 퍼미언스(permeance)라 한다.

$R_m = \dfrac{l}{\mu S} = \dfrac{l}{\mu_0 \mu_s S}$ [AT/Wb]

철은 비투자율 μ_s가 큰 강자성체이고 자기저항이 작기 때문에 발전기, 변압기, 전동기 등 전기기기에 사용한다.

(2) 자기회로의 옴의 법칙은 암페어(Ampere)의 주회적분의 법칙을 적용하여 다음과 같이 유도할 수 있다.

① $\oint H dl = NI [\text{AT}]$

$Hl = NI$

$H = \dfrac{NI}{l} [\text{AT/m}]$

② $B = \mu H = \dfrac{\mu NI}{l} [\text{Wb/m}^2]$

$\phi = BS = \mu HS = \dfrac{\mu SNI}{l} [\text{Wb}]$

$\phi = \dfrac{NI}{\dfrac{l}{\mu S}} = \dfrac{NI}{R_m} [\text{Wb}]$

3) 자기저항의 합성방법은 전기저항의 합성 방법과 같다.

(1) 직렬 회로는 각각의 자기저항을 더한다.

$$R = R_1 + R_2 + \cdots R_n [\text{AT/Wb}]$$

(2) 병렬 회로는 각각의 자기저항의 역수합의 역수로 계산한다.

$$R = \dfrac{1}{\dfrac{1}{R_1} + \dfrac{1}{R_2} + \cdots \dfrac{1}{R_n}} [\text{AT/Wb}]$$

(3) 철심과 공극이 직렬인 자기저항 합성은 다음과 같다.

$$R = R_m + R_0 = \dfrac{l}{\mu_0 \mu_s S} + \dfrac{l_0}{\mu_0 S} [\text{AT/Wb}]$$

여기서 $l[m]$는 철심의 길이이고, $l_0[m]$는 공극의 길이이다.

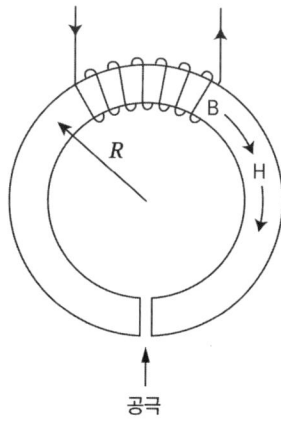

〈공극이 있는 자기회로〉

4) 키르히호프의 법칙
 (1) 자기 회로의 결합점에 들어가고 나가는 자속의 합은 0이 된다.
 (2) 임의의 폐자로에서 각부의 자기 저항과 자속과의 곱의 합은 기자력의 합과 같다.

5) 전자석의 흡인력

$$F = \frac{B^2 S}{2\mu_0} \, [\text{N}]$$

$$F = \frac{B^2 S}{2\mu_0} \, [\text{N}] = \frac{B^2 S}{2\mu_0} \times \frac{1}{9.8} \, [\text{kg}]$$

여기서, $B[\text{Wb/m}^2]$은 자속밀도이며 $S[\text{m}^2]$은 자극의 면적이다.

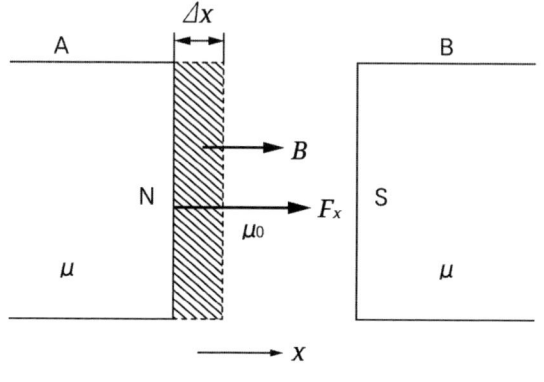

〈두 자극사이 전자력〉

- 전자석의 흡인력 계산식을 유도하면 다음과 같다.
  자극 A를 F_x의 힘으로 Δx만큼 움직였다고 할 때의 에너지 변화는 $\Delta W[J]$이다.

$$dW = \frac{B^2}{2\mu}\Delta x S - \frac{B^2}{2\mu_0}\Delta x S [J]$$

외부에서 에너지가 가해지지 않는다고 하면 가상 변위법에 의해서 F_x의 힘을 다음과 같이 구한다.

$$F_x = -\frac{\Delta W}{\Delta x} = \frac{B^2}{2}\left(\frac{1}{\mu_0} - \frac{1}{\mu}\right)S\,[N]$$

자극에서는 μ_s가 매우 커 $\mu \gg \mu_0$가 되고 $B^2/2\mu_0 \gg B^2/2\mu$가 되므로 $F_x \fallingdotseq \frac{B^2}{2\mu_0}S[N]$ 의 크기가 된다.

따라서 단위면적 당 흡입력은 $f_x = \frac{F_x}{S} = \frac{B^2}{2\mu_0}\,[N/m^2]$ 이다.

6) 자기회로와 전기회로의 비교

전기회로		자기회로	
전류	I [A]	자속	ϕ [Wb]
전계	E [V/m]	자계	H [AT/m]
기전력(전압)	V [V]	기자력	NI [AT]
전기저항	R [Ω]	자기저항	R_m [AT/Wb]
전류밀도	J [A/㎡]	자속밀도	B [Wb/㎡]
도전율	k [℧/m]	투자율	μ [H/m]
전류밀도	J = kE[A/㎡]	자속밀도	B = μH[Wb/㎡]
	divJ = 0		divB = 0

예제 6

자기 회로에 대한 키르히호프의 법칙 중 옳은 것은?

① 수 개의 자기 회로가 1점에서 만날 때는 각 회로의 기자력의 대수합은 0이다.
② 수 개의 자기 회로가 1점에서 만날 때는 각 회로의 자속과 자기 저항을 곱한 것의 대수합은 0이다.
③ 하나의 폐자기 회로에 대하여 각 분로의 기자력과 자기 저항을 곱한 것의 대수합은 폐자기 회로에 작용하는 자속의 대수합과 같다.
④ 하나의 폐자기 회로에 대하여 각 분로의 자속과 자기 저항을 곱한 것의 대수합은 폐자기 회로에 작용하는 기자력의 대수합과 같다.

【해설】
· 자기 회로의 결합점에 들어가고 나가는 자속의 합은 0이 된다.
· 하나의 폐자기 회로에 대하여 각 분로의 자속과 자기 저항을 곱한 것의 대수합은 폐자기 회로에 작용하는 기자력의 대수합과 같다.

[답] ④

Chapter 08. 자성체와 자기회로
적중실전문제

1. 비투자율 $\mu_s = 400$인 환상 철심 내의 평균 자계의 세기가 $H = 3000[\text{AT/m}]$이다. 철심 중의 자화의 세기 $J[\text{Wb/m}^2]$는?

① 0.15 ② 1.5 ③ 0.75 ④ 7.5

해설 1

$J = \mu_0(\mu_s - 1)H = 4\pi \times 10^{-7} \times (400-1)3{,}000 = 1.504[\text{Wb/m}^2]$

[답] ②

2. 강자성체의 자속 밀도 B의 크기와 자화의 세기 J의 크기 사이에는 어떠한 관계인가?

① J는 B보다 약간 크다.   ② J는 B보다 대단히 크다.
③ J는 B보다 약간 작다.   ④ J는 B보다 대단히 작다.

해설 2

$J = \left(1 - \dfrac{1}{\mu_s}\right)B$ 식에서 강자성체는 μ_s가 수백~수천으로 크기 때문에 J는 B보다 약간 작다.

[답] ③

3. 비투자율이 50인 자성체의 자속밀도가 $0.05[\text{Wb/m}^2]$일 때 자성체의 자화 세기 $J[\text{Wb/m}^2]$는?

① 0.049 ② 0.05 ③ 0.055 ④ 0.06

해설 3

$J = \left(1 - \dfrac{1}{50}\right)0.05 = 0.049\ [\text{Wb/m}^2]$

[답] ①

★★★

4. 길이 10[cm], 단면의 반지름 a=1[cm]인 원통형 자성체가 길이의 방향으로 균일하게 자화되어 있을 때 자화의 세기가 $J=0.5[\text{Wb/m}^2]$이라면 이 자성체의 자기 모멘트 [Wb·m]는?

① 1.57×10^{-4} ② 1.57×10^{-5}
③ 15.7×10^{-4} ④ 15.7×10^{-5}

해설 4
$M = ml = \pi a^2 Jl = 3.14 \times (0.01)^2 \times 0.5 \times 0.1 = 1.57 \times 10^{-5} [\text{Wb} \cdot \text{m}]$

[답] ②

★★★★★

5. 다음의 관계식 중 성립할 수 없는 것은? (단, μ는 투자율, x는 자화율, μ_0는 진공의 투자율, J는 자화의 세기이다.)

① $\mu = \mu_0 + x$
② $B = \mu H$
③ $\mu_s = 1 + \dfrac{x}{\mu_0}$
④ $J = xB$

해설 5
자화의 세기 $J = xH[\text{Wb/m}^2]$이다.

[답] ④

★★★

6. 비투자율 μ_s, 자속밀도 B인 자계 중에 있는 $m[\text{Wb}]$의 자극이 받는 힘은?

① $\dfrac{Bm}{\mu_0 \mu_s}$ ② $\dfrac{Bm}{\mu_0}$ ③ $\dfrac{\mu_0 \mu_s}{Bm}$ ④ $\dfrac{Bm}{\mu_s}$

해설 6
$F = mH = \dfrac{Bm}{\mu_0 \mu_s}[\text{N}], \; B = \mu_0 \mu_s H \rightarrow H = \dfrac{B}{\mu_0 \mu_s}[\text{A/m}]$

[답] ①

★★★★★
7. 투자율이 다른 두 자성체가 평면으로 접하고 있는 경계면에서 전류 밀도가 0일 때 성립하는 경계 조건은?

① $\mu_2 \tan\theta_1 = \mu_1 \tan\theta_2$
② $\mu_1 \cos\theta_1 = \mu_2 \cos\theta_2$
③ $B_1 \sin\theta_1 = B_2 \cos\theta_2$
④ $\mu_1 \tan\theta_1 = \mu_2 \tan\theta_2$

해설 7

$\dfrac{\mu_1}{\mu_2} = \dfrac{\tan\theta_1}{\tan\theta_2}$, $\mu_2 \tan\theta_1 = \mu_1 \tan\theta_2$

[답] ①

★★★★★
8. 투자율이 다른 두 자성체의 경계면에서의 굴절각은?

① 투자율에 비례한다.
② 투자율에 반비례한다.
③ 비투자율에 비례한다.
④ 비투자율에 반비례한다.

해설 8

$\dfrac{\mu_1}{\mu_2} = \dfrac{\tan\theta_1}{\tan\theta_2}$, 두 자성체의 경계면에서 굴절각은 투자율에 비례한다.

[답] ①

★★★★★
9. 철심에 도선을 250회 감고 1.2[A]의 전류를 흘렸더니 1.5×10^{-3}[Wb]의 자속이 생겼다. 이때 자기 저항[AT/Wb]은?

① 2×10^5
② 3×10^5
③ 4×10^5
④ 5×10^5

해설 9

$R_m = \dfrac{NI}{\phi} = \dfrac{250 \times 1.2}{1.5 \times 10^{-3}} = 2 \times 10^5 [\text{AT/Wb}]$

[답] ①

10. 길이 100[cm]의 자기 회로를 구성할 때 비투자율이 50인 철심을 이용한다면 자기저항을 2.5×10^7[AT/Wb] 이하로 하기 위해서는 단면적을 몇 [m²] 이상으로 해야 하는가?

① 3.6×10^{-4} ② 6.4×10^{-4}
③ 7.9×10^{-4} ④ 9.2×10^{-4}

해설 10

$R_m = \dfrac{l}{\mu S}$, $S = \dfrac{l}{\mu_0 \mu_s R_m} = \dfrac{1}{4\pi \times 10^{-7} \times 50 \times 2.5 \times 10^7} = 6.366 \times 10^{-4}$[m²]

[답] ②

11. 금속 물질 중에서 강자성체가 아닌 것은?

① 철 ② 니켈 ③ 백금 ④ 코발트

해설 11

강자성체는 철, 니켈, 코발트 및 이들의 합금이다.

[답] ③

12. 자계의 세기 1500[AT/m]되는 점의 자속 밀도가 2.8[Wb/m²]이다. 이 공간의 비투자율은?

① 1.86×10^{-3} ② 18.6×10^{-3} ③ 1480 ④ 148

해설 12

$\mu_s = \dfrac{B}{\mu_0 H} = 1486$

[답] ③

13. 자기회로에 대한 설명으로 틀린 것은?
① 전기회로의 정전용량에 해당되는 것은 없다.
② 자기저항에는 전기저항의 주울 손실에 해당되는 손실이 있다.
③ 기자력과 자속은 변화가 비직선성을 갖고 있다.
④ 누설자속은 전기회로의 누설전류에 비하여 대체로 많다.

해설 13
자기저항에는 전기저항의 주울 손실에 해당되는 손실은 없고, 히스테리시스손실이 있다.

[답] ②

14. 일반적으로 자구(磁區)를 가지는 자성체는?
① 상자성체 ② 역자성체 ③ 강자성체 ④ 비자성체

해설 14
강자성체는 전자의 자기모멘트가 배열된 자구가 있다.

[답] ③

15. 자기 인덕턴스 L[H]인 코일에 전류 I를 흘렸을 때 자계의 세기가 H[AT/m]였다. 이 코일을 진공 중에서 자화시키는 데 필요한 에너지 밀도 [J/m³]는?

① $\frac{1}{2}LI^2$ ② LI^2 ③ $\frac{1}{2}\mu_0 H^2$ ④ $\mu_0 H^2$

해설 15
에너지 밀도 $w = \frac{1}{2}\mu_0 H^2 = \frac{B^2}{2\mu_0}$ [J/m³]이다.

[답] ③

16. 비투자율이 4000인 철심을 자화하여 자속 밀도가 $0.1[\mathrm{Wb/m^2}]$로 되었을 때 철심의 단위 체적에 저축된 에너지$[\mathrm{J/m^3}]$는?

① 1   ② 3   ③ 2.5   ④ 5

해설 16

$$W = \frac{B^2}{2\mu_0\mu_s} = \frac{0.1^2}{2 \times 4\pi \times 10^{-7} \times 4000} = 0.995[\mathrm{J/m^3}]$$

[답] ①

17. 전자석의 흡인력은 자속 밀도 B라 할 때 어떻게 되는가?

① B에 비례   ② $B^{\frac{3}{2}}$에 비례
③ $B^{1.6}$에 비례   ④ B^2에 비례

해설 17

전자석의 흡인력은 $F = \dfrac{B^2 S}{2\mu_0}[\mathrm{N}]$이다.

[답] ④

18. 다음 중 감자율이 0인 것은?

① 가늘고 짧은 막대 자성체   ② 굵고 짧은 막대 자성체
③ 가늘고 긴 막대 자성체   ④ 환상 솔레노이드

해설 18

환상 솔레노이드는 자기회로가 폐회로이므로 감자율이 없다.

[답] ④

19. 자기 저항의 역수를 무엇이라 하는가?

① conductance ② permeance
③ elastance ④ impedance

해설 19
자기저항의 역수는 퍼미언스(permeance)이다.

[답] ②

20. 그림과 같이 갭의 면적 S=100[cm²]인 전자석에 자속밀도[$B=2[\mathrm{Wb/m^2}]$인 자속이 발생할 때, 철편을 흡입하는 힘[N]은?

① $\dfrac{\pi}{2} \times 10^5$ ② $\dfrac{1}{2\pi} \times 10^5$

③ $\dfrac{1}{\pi} \times 10^5$ ④ $\dfrac{2}{\pi} \times 10^5$

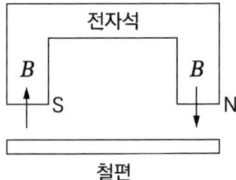

해설 20
$$F = \frac{B^2 S}{2\mu_0} \times 2 = \frac{2^2 \times 100 \times 10^{-4}}{2 \times 4\pi \times 10^{-7}} \times 2 = \frac{1}{\pi} \times 10^5 [\mathrm{N}]$$

[답] ③

21. 길이 1[m]의 철심 ($\mu_s = 1000$) 자기 회로에 1[mm]의 공극이 생겼을 때 전체의 자기 저항은 약 몇 배로 증가되는가? (단, 각부의 단면적은 일정하다.)

① 1.5 ② 2 ③ 2.5 ④ 3

해설 21
$$\frac{R+R_0}{R} = 1 + \frac{R_0}{R} = 1 + \frac{\mu_s l_0}{l} = 1 + \frac{1000 \times 10^{-3}}{1} = 2$$

[답] ②

22. 자계의 세기에 관계없이 급격히 자성을 잃는 점을 자기 임계 온도 또는 퀴리점(Curie point)이라고 한다. 다음 중에서 철의 임계 온도는?

① 약 0[℃]   ② 약 370[℃]
③ 약 570[℃]   ④ 약 770[℃]

해설 22
순철의 임계온도(퀴리점)은 790[℃]이다.

[답] ④

23. 그림과 같은 자기 회로에서 $R_1 = 0.5[\text{AT/Wb}]$, $R_2 = 0.2[\text{AT/Wb}]$, $R_3 = 0.6[\text{AT/Wb}]$이라면 전회로의 합성 자기 저항 [AT/Wb]은 얼마인가?

① 0.65
② 0.15
③ 0.35
④ 0.15

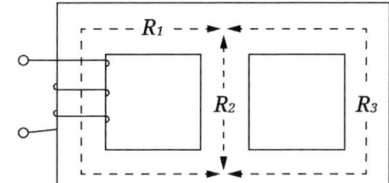

해설 23
자기저항의 합성 방법은 전기저항의 합성 방법과 같다. 이 회로는 직병렬회로이다.
$$R_m = R_1 + \frac{R_2 R_3}{R_2 + R_3} = 0.5 + \frac{0.2 \times 0.6}{0.2 + 0.6} = 0.65[\text{AT/Wb}]$$

[답] ①

24. 물질의 자화 현상은?

① 전자의 이동   ② 전자의 공전
③ 전자의 자전   ④ 분자의 공전

해설 24
전자의 자전에 의한 자기모멘트가 자화의 주된 원인이다.

[답] ③

25. 히스테리시스 곡선에서 횡축과 종축은 각각 무엇을 나타내는가?

① 자속밀도(횡축), 자계(종축)
② 기자력(횡축), 자속밀도(종축)
③ 자계(횡축), 자속밀도(종축)
④ 자속밀도(횡축), 기자력(종축)

해설 25
$B-H$ 곡선 즉 히스테리시스 곡선에서 횡축과 종축은 자계와 자속밀도이다.

[답] ③

26. 히스테리시스 곡선에서 횡축과 만나는 것은 다음 중 어느 것인가?

① 투자율 ② 잔류자기 ③ 자력선 ④ 보자력

해설 26
히스테리시스 곡선에서 횡축과 만나는 것은 보자력이다.

[답] ④

27. 영구 자석의 재료로 사용하는 철에 요구되는 사항은?

① 잔류 자기 및 보자력이 작은 것
② 잔류 자기가 크고 보자력이 작은 것
③ 잔류 자기가 작고 보자력이 큰 것
④ 잔류 자기 및 보자력이 큰 것

해설 27
영구 자석은 강하면서 자극의 세기가 보존되어야 한다. 따라서 잔류 자기 및 보자력이 큰 것이 좋다.

[답] ④

★★★★★

28. 전자석에 사용하는 연철(soft iron)은 다음 어느 성질을 가지는가?
① 잔류 자기, 보자력이 모두 크다.
② 보자력이 크고 히스테리시스 곡선의 면적이 작다.
③ 보자력과 히스테리시스 곡선의 면적이 모두 작다.
④ 보자력이 크고 잔류 자기가 작다.

해설 28
전자석은 전류가 흐르지 않을 때는 자성을 잃어야 한다. 따라서 보자력이 작은 재료가 좋다. 보자력이 작으면 히스테리시스 곡선의 면적이 작다.

[답] ③

★★

29. 자화된 철의 온도를 높일 때 강자성이 상자성으로 급격하게 변하는 온도는?
① 퀴리(curie)점　　② 비등점　　③ 융점　　④ 융해점

해설 29
순철의 퀴리점은 790[℃]이다.

[답] ①

★★★★★

30. 비투자율 μ_s 길이 l인 철심에 권수 N인 환상 솔레노이드코일이 있다. 이때, 철심에 l_1인 미소공극을 만들었을 때 공극 자계세기 H_A와 철심자계 세기 H_F의 비 H_F/H_A는?

① μ_s　　② $\dfrac{1}{\mu_s}$　　③ $\dfrac{\mu_s(1-l_1)}{l_s}$　　④ $\dfrac{l_s}{\mu_s(1-l_1)}$

해설 30
자속밀도의 법선성분은 경계면 양쪽에서 같다.
$B_{1n} = B_{2n}$, $\mu_0 H_A = \mu_0 \mu_s H_F$, $\dfrac{H_F}{H_A} = \dfrac{\mu_0}{\mu} = \dfrac{1}{\mu_s}$

[답] ②

★★★★★

31. 비투자율 μ_s는 역자성체에서 다음 어느 값을 갖는가?

① $\mu_s = 1$ ② $\mu_s < 1$ ③ $\mu_s > 1$ ④ $\mu_s = 0$

해설 31

역(반)자성체는 $\mu_s < 1$ 이다. 상자성체는 $\mu_s > 1$이다.

[답] ②

★★★☆☆

32. 정전 차폐와 자기 차폐를 비교하면?

① 정전 차폐가 자기 차폐에 비교하여 완전하다.
② 정전 차폐가 자기 차폐에 비교하여 불완전하다.
③ 두 차폐 방법은 모두 완전하다.
④ 두 차폐 방법은 모두 불완전하다.

해설 32

도체와 부도체의 고유저항의 차는 보통 10^{10} 이상 매우 크다. 강자성체와 비자성체의 투자율의 차는 수천의 차이이다. 따라서 정전 차폐가 자기 차폐에 비교하여 완전하다.

[답] ①

★☆☆☆☆

33. 그림들은 전자의 자기모멘트의 크기와 배열상태를 그 차이에 따라 배열한 것이다. 강자성체에 속하는 것은?

① 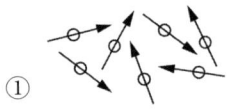 ②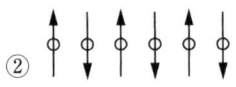

③ 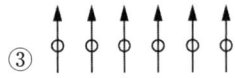 ④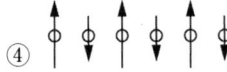

해설 33

강자성체의 전자의 자기모멘트는 크기가 같고 한 쪽으로 일정하게 배열된다.

[답] ③

★★★★★

34. 강자성체의 3가지 특성이 아닌 것은?

① 와전류 특성 ② 히스테리시스 특성
③ 고투자율 특성 ④ 포화 특성

해설 34
관통하는 자기장이 시간적으로 변하면 와전류 특성은 모든 도체에서 나타난다.

[답] ①

★★★☆☆

35. 자화율 x와 비투자율 μ_r의 관계에서 상자성체로 판단할 수 있는 것은?

① $x > 0, \mu_r > 1$ ③ $x > 0, \mu_r < 1$
② $x < 0, \mu_r > 1$ ④ $x < 0, \mu_r < 1$

해설 35
상자성체는 $\mu_r > 1$, $x = \mu_0(\mu_r - 1) > 0$이다.

[답] ①

★★☆☆☆

36. 자기 회로의 퍼미언스(permeance)에 대응하는 전기 회로의 요소는?

① 도전율 ② 컨덕턴스(conductance)
③ 정전 용량 ④ 엘라스턴스(elastance)

해설 36
자기저항의 역수는 퍼미언스, 전기저항의 역수는 컨덕턴스이다.

[답] ②

37. 자속의 연속성을 나타낸 식은?

① $divB = \rho$ ② $divB = 0$
③ $B = \mu H$ ④ $divB = \mu H$

해설 37

자석은 N극과 S극이 공존하므로 상호간 항상 흡인력이 작용한다. 따라서 자속밀도의 발산은 없다.

[답] ②

38. 내부 장치 또는 공간을 물질로 포위시켜 외부 자계의 영향을 차폐시키는 방식을 자기 차폐라 한다. 자기 차폐에 좋은 물질은?
① 강자성체 중에서 비투자율이 큰 물질
② 강자성체 중에서 비투자율이 작은 물질
③ 비투자율이 1보다 작은 역자성체
④ 비투자율에 관계없이 물질의 두께에만 관계되므로 되도록 두꺼운 물질

해설 38

자기 차폐에 좋은 물질은 강자성체 중에서 비투자율이 큰 물질이 좋다.

[답] ①

39. 그림과 같이 공극의 면적 S=100[cm²]의 자석에 자속밀도 B=5000 [Gauss]의 자속이 생기고 있을 때 철편을 흡인하는 힘을 구하시오.

① 20[N]
② 200[N]
③ 2000[N]
④ 20000[N]

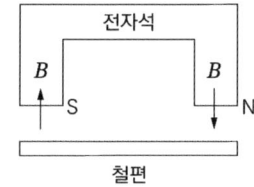

해설 39

자속밀도 B=5000 [Gauss]는 0.5[Wb/m²]이다.

$F = \dfrac{B^2 S}{2\mu_0} \times 2 = \dfrac{0.5^2 \times 100 \times 10^{-4}}{2 \times 4\pi \times 10^{-7}} \times 2 = 1,989 [\text{N}]$

[답] ③

Chapter 09

전자유도

01. 전자유도 법칙

02. 패러데이, 노이만, 렌쯔의 법칙

03. 전자 유도 법칙의 미분형과 적분형

04. 자계 내에서 도체의 운동에 의한 기전력

05. 와전류(Eddy Current)

06. 표피 효과(Skin Effect)

07. 자기유도와 상호유도

08. 회로가 갖는 자기 에너지

- 적중실전문제

Chapter 09 전자유도

01 전자유도 법칙

1) 코일을 관통하는 자속이 시간적으로 증가, 감소하면 코일단자에 유도 기전력이 발생한다.

2) 도체로 만든 폐회로를 관통하는 자속이 시간적으로 증가, 감소하면 유도전류가 흐른다.

예제 1
권수 1회의 코일에 5[Wb]의 자속이 쇄교하고 있을 때 10^{-1}[s]사이에 자속이 0으로 변하였다면 이때 코일에 유도되는 기전력[V]는?
① 500　　　② 100　　　③ 50　　　④ 10

【해설】
$$e = -N\frac{d\phi}{dt} = -1 \times \frac{0-5}{10^{-1}} = 50[\text{V}]$$

[답] ③

02 패러데이, 노이만, 렌쯔의 법칙

1) 패러데이, 노이만의 법칙

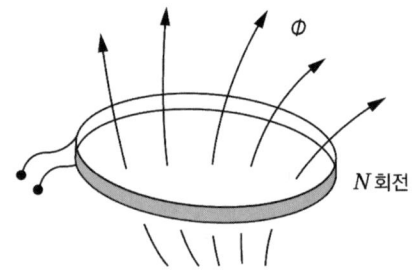

〈코일과 쇄교 자속〉

전자유도에 의한 기전력은 쇄교 자속의 시간에 대한 변화율과 같다.

$$e = -N\frac{d\phi}{dt}[\text{V}]$$

여기서, $N\phi$[WbT] 또는 [Wb]은 쇄교 자속수, e[V]은 유도 기전력이다.

2) 렌쯔(Lenz)의 법칙

전자 유도에 의해서 발생하는 기전력의 방향은 자속의 증가, 감소를 방해하는 방향이다.

예제 2

전자유도법칙과 관계가 먼 것은?
① 노이만의 법칙　　　　② 렌쯔의 법칙
③ 패러데이의 법칙　　　④ 암페어의 오른나사 법칙

【해설】
암페어는 오른나사 법칙은 전자유도와 관계가 없다.

[답] ④

---

03 전자 유도 법칙의 미분형과 적분형

1) 미분형

$$rot\,E = -\frac{\partial B}{\partial t}$$

자계가 시간적으로 변하는 주위에 전계의 회전이 만들어진다.

2) 적분형

$$e = \oint_c E \cdot dl = \int_s rot\,E \cdot ds\,[\text{V}]$$

$$e = -\frac{d\Phi}{dt} = -\int_s \frac{\partial B}{\partial t}ds\,[\text{V}]$$

$$\phi = BS\,[\text{Wb}]$$

> **예제 3**
>
> 자속이 시간적으로 변할 때 성립되는 식은 다음 중 어느 것인가?
> (단, E는 전계, H는 자계, B는 자속밀도이다.)
>
> ① $rotE = \dfrac{\partial H}{\partial t}$ ② $rotE = -\dfrac{\partial B}{\partial t}$
>
> ③ $divE = \dfrac{\partial B}{\partial t}$ ④ $divE = -\dfrac{\partial H}{\partial t}$
>
> 【해설】
> $e = \oint_c E \cdot dl = \int_s rotE \cdot ds = -\int_s \dfrac{\partial B}{\partial t} ds [\text{V}]$
> 위 식의 결과는 미분형이다.
> $rotE = -\dfrac{\partial B}{\partial t}$
>
> [답] ②

04 자계 내에서 도체의 운동에 의한 기전력

1) 도체가 평등자계를 절단하면 도체 양 단자에 기전력이 발생한다.
$$e = (V \times B) \cdot l [\text{V}]$$
$$e = VBl\sin\theta [\text{V}]$$

여기서, $l[\text{m}]$은 도체의 길이, $B[\text{Wb/m}^2]$은 자속밀도, $V[\text{m/s}]$은 도체의 속도, θ은 도체와 자속밀도가 이루는 각이다.

2) 플레밍(Fleming)의 오른손 법칙
  오른손의 엄지 : $V[\text{m/s}]$
       검지 : $B[\text{Wb/m}^2]$
       중지 : $e[\text{V}]$
  서로 직각으로 각 성분의 방향을 정한다.

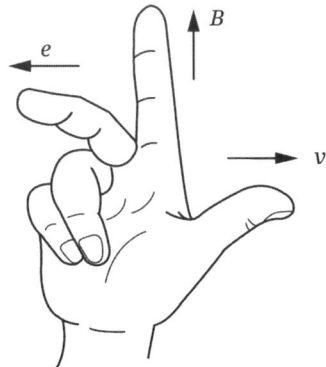

⟨플레밍의 오른손법칙⟩

3) 평등자계와 수직으로 회전하는 원판 도체의 기전력

회전하는 원판도체가 평등자계 $B[\text{Wb/m}^2]$를 수직으로 절단할 때 발생하는 유도 기전력은 다음 식과 같다.

$$e = \frac{\omega B r^2}{2} [\text{V}]$$

여기서, $\omega[\text{rad/s}]$는 각속도, $r[\text{m}]$는 원판도체 반지름이다.
원판도체의 중심 O에서 $x[\text{m}]$인 위치의 미소길이 $dx[\text{m}]$를 정한다.
dx의 속도 $v = 2\pi x n = \omega x \,[\text{m/s}]$이다.
dx부분의 유도 기전력 $de[\text{V}]$는 플레밍의 오른손 법칙을 적용하면 다음과 같다.

$$de = vBdx = \omega Bx\,dx\,[\text{V}]$$

따라서 반지름 $r[\text{m}]$에 발생하는 유도 기전력 $e[\text{V}]$는 다음과 같다.

$$e = \int_0^r \omega Bx dx = \frac{\omega B r^2}{2}[\text{V}]$$

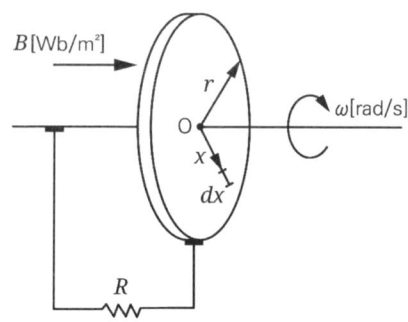

〈평등자속을 절단하는 원판 도체〉

> **예제 4**
>
> 직선 도선 $l = 20[\text{cm}]$가 평등자계 $B = 0.2[\text{Wb/m}^2]$와 직각으로 놓여있다. 이 도선을 $v = 5[\text{m/s}]$로 운동시키면 몇 $[\text{V}]$의 기전력이 발생하는가?
> ① 0.2 ② 0.5 ③ 1 ④ 1.5
> 【해설】
> $e = vBl\sin\theta = 5 \times 0.2 \times 0.2 \times 1 = 0.2[\text{V}]$
>
> [답] ①

05 와전류(Eddy Current)

패러데이 전자유도 법칙 미분형으로 와전류를 유도한다.

$rot E = -\dfrac{\partial B}{\partial t}$

$i = kE[\text{A/m}^2], \ E = \dfrac{i}{k}[\text{V/m}]$

$rot\, i = -k\dfrac{\partial B}{\partial t}$

1) 판모양의 도체에 자속이 관통하면서 시간적으로 변화하면, 유도 전류가 맴돈다. 이 전류를 와전류 또는 맴돌이 전류라 한다.

2) 와류의 방향은 자속의 증가, 감소를 방해하는 방향이다.

3) 전기기기에 사용하는 철심은 얇은 철판을 겹쳐 사용하는데, 이것을 성층철심이라 하고 와류손을 작게 하기 위함이다.

예제 5

와전류가 이용되고 있는 것은?
① 수중 음파 탐지기
② 레이더
③ 자기브레이크(magnetic brake)
④ 사이클로트론(cyclotron)

【해설】
고속으로 움직이는 바퀴에 와전류를 발생하여 역 토크를 이용한 제동을 한다.

[답] ③

06 표피 효과(Skin Effect)

1) 교류 전류가 흐르는 도선 내에는 이 전류가 만드는 시간적으로 변하는 자속의 영향으로 도선의 중앙부는 전류밀도가 없고, 표면부는 전류밀도가 많아지는 현상이다.
2) 표피효과는 주파수, 투자율, 도전율이 클수록 심하다.
3) 표피깊이 δ는 다음과 같이 계산한다.

$$\delta = \sqrt{\frac{2}{\omega \mu k}}\,[\text{m}] = \frac{1}{\sqrt{\pi f \mu_0 \mu_s k}}\,[\text{m}]$$

f : 주파수[Hz], μ : 투자율[H/m]
μ_0 : 진공의 투자율 $4\pi \times 10^{-7}$[H/m]
μ_s : 비투자율

동선이나 알루미늄선은 μ_s이 1이다.

(1) f, u, k가 클수록 표피깊이 δ는 작다.
(2) δ가 작을수록 표피효과가 심하다.
(3) 표피효과가 심할수록 전기저항은 증가한다.

4) 교류 회로에 사용되는 도선을 연선으로 하는 이유도 표피효과를 작게 하는 방법이다.

07 자기유도와 상호유도

1) 자기유도

   권수 N_1 코일에 전류 I_1이 흐르면 자속 ϕ_{11}이 만들어지고 이 자속이 N_1 코일을 관통한다.

   $$N_1 \phi_{11} = L_1 I_1$$

   L_1은 쇄교자속 $N_1\phi_{11}$과 전류 I_1 사이의 비례상수인데 코일 N_1의 자기 인덕턴스라 한다.

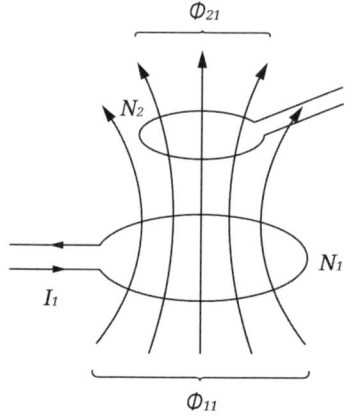

〈자기유도와 상호유도〉

2) 상호유도

   N_1 코일의 전류 I_1이 만드는 자속 중, N_2 코일을 관통하는 자속을 ϕ_{21}이라 하면, M_{21}은 쇄교 자속과 전류 사이의 비례상수로 N_1, N_2 사이의 상호 인덕턴스라 한다.

3) $e_{11} = -N_1 \dfrac{d\Phi_{11}}{dt} = -L_1 \dfrac{dI_1}{dt} [\text{V}]$: 자기 유도 기전력

   $e_{21} = -N_2 \dfrac{d\Phi_{21}}{dt} = -M_{21} \dfrac{dI_1}{dt} [\text{V}]$: 상호 유도 기전력

4) N_2 코일에 I_2가 흐르는 경우의 상호 관계도 같다.

   N_2의 자기 인덕턴스는 L_2이며 상호 인덕턴스는 M_{21}이다.

5) 자기인덕턴스와 상호인덕턴스 그리고 결합계수의 관계는 다음과 같다.

$M_{21} = M_{12} = M[\text{H}]$, 단위 [H]는 헨리(Henry)이다.

$M = k\sqrt{L_1 L_2}$ [H], $k = \dfrac{M}{\sqrt{L_1 L_2}}$

여기서 k은 결합계수이다. 완전 결합은 k가 1이다.

예제 6

권수 2회의 코일에 5[Wb]의 자속이 쇄교하고 있을 때 10^{-1}[s]사이에 자속이 0으로 변하였다면 이때 코일에 유도되는 기전력[V]는?

① 500　　　② 100　　　③ 50　　　④ 10

【해설】

$e = -N\dfrac{d\phi}{dt} = -2 \times \dfrac{0-5}{10^{-1}} = 100[\text{V}]$

[답] ②

---

08 회로가 갖는 자기 에너지

- 인덕턴스 L[H]인 회로에 I[A]의 전류가 흐를 때, 이 회로가 갖는 자기에너지는 $W = \dfrac{1}{2}LI^2$[J]이다.

예제 7

100[mH]의 자기 인덕턴스를 가진 코일에 10[A]의 전류를 통할 때 축적되는 에너지는 몇 [J]인가?

① 1[J]　　　② 5[J]　　　③ 50[J]　　　④ 1000[J]

【해설】

$W = \dfrac{1}{2}LI^2 = \dfrac{1}{2} \times 0.1 \times 10^2 = 5[\text{J}]$

[답] ②

Chapter 09. 전자유도
적중실전문제

1. 패러데이의 법칙에 대한 설명으로 가장 적합한 것은?
   ① 전자 유도에 의해 회로에 발생되는 기전력은 자속 쇄교수의 시간에 대한 증가율에 비례한다.
   ② 전자 유도에 의해 회로에 발생되는 기전력은 자속의 변화를 방해하는 반대 방향으로 기전력이 유도된다.
   ③ 정전 유도에 의해 회로에 발생하는 기전력은 자속의 변화 방향으로 유도된다.
   ④ 전자 유도에 의해 회로에 발생하는 기전력은 자속 쇄교수의 시간에 대한 감소율에 비례한다.

   해설 1
   전자 유도 기전력은 자속 쇄교수의 시간에 대한 감소율에 비례한다.
   $$e = -N\frac{d\phi}{dt}[V]$$

   [답] ④

2. 권수 500[T]의 코일 내를 통하는 자속이 다음 그림과 같이 변화하고 있다. 기간 내에 코일 단자간에 생기는 유도 기전력[V]은?
   ① 1.5
   ② 0.7
   ③ 1.4
   ④ 0

   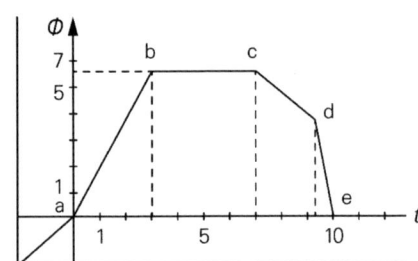

   해설 2
   $$e = -N\frac{d\phi}{dt} = -500 \times \frac{6-6}{7-3} = 0[V]$$

   [답] ④

★★★★★

3. 권수 1회의 코일에 5[Wb]의 자속이 쇄교하고 있을 때 10^{-1}[s] 사이에 자속이 0으로 변하였다면 이때 코일에 유도되는 기전력[V]는?

① 500   ② 100   ③ 50   ④ 10

해설 3

$$e = N\frac{d\phi}{dt} = -1 \times \frac{0-5}{10^{-1}} = 50[\text{V}]$$

[답] ③

★★★

4. 300번 감긴 작은 코일의 면적 S를 5[cm²]라 한다. 이것을 어느 평등자계 내에 수직으로 삽입한 다음 0.1초마다 자계 밖으로 꺼낼 때 0.15[V]의 기전력이 발생했다. 자속밀도 [Wb/m²]는 얼마인가?

① B=0.05   ② B=0.10   ③ B=0.20   ④ B=0.30

해설 4

코일을 0.1초마다 자계 밖으로 꺼내므로 자속이 시간적으로 감소한다.

$$e = 0.15 = -\frac{300 \times (0 - B \times 5 \times 10^{-4})}{0.1}, \quad B = \frac{0.15 \times 0.1}{1500 \times 10^{-4}} = 0.1[\text{Wb/m}^2]$$

[답] ②

★★★★★

5. $\phi = \phi_m \sin\omega t$[Wb]인 정현파로 변화하는 자속이 권수 N인 코일과 쇄교할 때의 유도 기전력의 위상은 자속에 비해 어떠한가?

① $\pi/2$ 만큼 빠르다.   ② $\pi/2$ 만큼 늦다.
③ π 만큼 빠르다.   ④ 동위상이다.

해설 5

$$e = -N\frac{d\phi}{dt} = -N\frac{d\phi_m \sin\omega t}{dt} = -\omega N\phi_m \cos\omega t = \omega N\phi_m \sin\left(\omega t - \frac{\pi}{2}\right)[\text{V}]$$

최대 유도 기전력은 $E_m = \omega N\phi_m = 2\pi f N\phi_m$[V]이다.

[답] ②

6. 코일을 관통하는 자속 ϕ가 주파수 f의 정현상으로 변화할 때 코일에 유도되는 기전력의 최대값은?

① f^2에 비례한다.   ② f에 비례한다.
③ f^2에 반비례한다.   ④ f에 반비례한다.

> **해설 6**
> $E_m = 2\pi f N \Phi_m [\text{V}]$ $\therefore E_m \propto f$

[답] ②

7. 정현파 자속의 주파수를 4배로 높이면 유도 기전력은?

① 4배로 감소한다.   ② 4배로 증가한다.
③ 2배로 감소한다.   ④ 2배로 증가한다.

> **해설 7**
> 유도 기전력은 주파수에 비례한다.
> $E_m = 2\pi f N \Phi_m [\text{V}]$ $\therefore E_m \propto f$

[답] ②

8. 자속 밀도 $B[\text{Wb/m}^2]$가 도체 중에서 $f[\text{Hz}]$로 변화할 때 도체 중에 유도되는 기전력 e는 무엇에 비례하는가?

① $e \propto \dfrac{B}{f}$ ② $e \propto \dfrac{B^2}{f}$ ③ $e \propto \dfrac{f}{B}$ ④ $e \propto B \cdot f$

> **해설 8**
> 유도 기전력은 주파수와 자속밀도에 비례한다.
> $E_m = 2\pi f NBS[\text{V}]$

[답] ④

★★★★★

9. 자기 인덕턴스 L_1, L_2와 상호 인덕턴스 M과의 결합계수는 어떻게 표시되는가?

① $\dfrac{\sqrt{L_1 L_2}}{M}$ ② $\dfrac{M}{\sqrt{L_1 L_2}}$ ③ $\dfrac{M}{L_1 L_2}$ ④ $\dfrac{L_1 L_2}{M}$

해설 9

결합계수 $k = \dfrac{M}{\sqrt{L_1 L_2}}$ 이다. 상호인덕턴스 $M = k\sqrt{L_1 L_2}$ [H]이다.

[답] ②

★★★★★

10. 권수 n, 가로 a[m], 세로 b[m]인 구형 코일이 자속밀도 B[Wb/m²]되는 평등자계 내에서 각 속도 ω[rad/s]로 회전할 때 발생하는 유기 기전력의 최대값은?

① ωnB ② ωabB^2 ③ $\omega nabB$ ④ $\omega nabB^2$

해설 10

최대 유기기전력은 구형(4각형)코일과 자속이 수직으로 만날 때이다.
$E_m = \omega nabB$ [V], $\phi_m = BS = abB$ [Wb/m²]

[답] ③

★★★☆☆

11. N회의 권선에 최대값 1[V], 주파수 f[Hz]인 기전력을 유도시키기 위한 자속의 최대값 [Wb]은?

① $\dfrac{f}{2\pi N}$ ② $\dfrac{2N}{\pi f}$ ③ $\dfrac{1}{2\pi f N}$ ④ $\dfrac{N}{2\pi f}$

해설 11

$E_m = 2\pi f N \Phi_m$ [V] ∴ $\phi_m = \dfrac{E_m}{2\pi f N} = \dfrac{1}{2\pi f N}$ [Wb]

[답] ③

★★★☆☆

12. 자속밀도 0.5[Wb/m²]인 균일한 자계 내에 반지름 10[cm], 권수 1000[T]인 원형 코일이 매분 1800 회전할 때 이 코일의 저항이 100[Ω]일 경우 이 코일에 흐르는 전류의 최대값 [A]은?

　① 14.4　　　② 23.5　　　③ 29.6　　　④ 43.2

> **해설 12**
> 최대 유도 기전력을 구하고, 옴의 법칙으로 전류 최대값을 구한다.
> $$E_m = wN\Phi_m = 2\pi \times \frac{1,800}{60} \times 1000 \times 0.5 \times \pi \times 0.1^2 = 2,960.88[V]$$
> $$I_m = \frac{E_m}{R} = \frac{2960.88}{100} = 29.6[A]$$

[답] ③

★★★☆☆

13. 도전율 σ, 투자율 μ인 도체에 교류 전류가 흐를 때의 표피 효과는?

　① 주파수가 높을수록 작다.　　② 투자율이 클수록 작다.
　③ 도전율이 클수록 크다.　　　④ 투자율, 도전율은 무관하다.

> **해설 13**
> 표피효과는 도전율, 주파수, 투자율이 클수록 크다.
> $$\delta = \sqrt{\frac{2}{\omega \mu k}} = \frac{1}{\sqrt{\pi f \mu_0 \mu_s k}}[m]$$
> f : 주파수[Hz], u : 투자율[H/m], u_0 : 진공투자율 $4\pi \times 10^{-7}$[H/m]
> μ_s : 비투자율 (동선이나 알루미늄선은 1이다.)
> 　① f, μ, k가 클수록 표피깊이 δ는 작다.
> 　② δ가 작을수록 표피효과가 심하다.
> 　③ 표피효과가 심할수록 전기저항은 증가한다.
> 　　즉, δ가 작을수록 전기저항은 증가한다.

[답] ③

14. 도전율 σ, 투자율 μ인 도체에 교류 전류가 흐를 때 표피 효과에 의한 침투 깊이 δ는 σ와 μ, 그리고 f에 관계가 있는가?
① 주파수 f와 무관하다.
② σ가 클수록 작다.
③ σ와 μ에 비례한다.
④ μ가 클수록 크다.

해설 14
표피효과는 도전율, 주파수, 투자율이 클수록 크다.
침투깊이는 도전율, 주파수, 투자율이 클수록 작다.

[답] ②

15. 주파수 f=100[MHz]일 때 구리의 표피두께 (skin depth)는 대략 몇 [mm]인가? (단, 구리의 도전율은 5.8×10^7[S/m], 비투자율은 1이다.)
① 3.3×10^{-2}
② 6.61×10^{-2}
③ 3.3×10^{-3}
④ 6.61×10^{-3}

해설 15
표피두께 $\delta = \dfrac{1}{\sqrt{\pi f \mu_0 \mu_s k}} = \dfrac{1}{\sqrt{\pi \times 100 \times 10^6 \times 4\pi \times 10^{-7} \times 5.8 \times 10^7}} = 6.608 \times 10^{-3}$[mm]

[답] ④

16. 자속밀도 B[Wb/m²]의 평등 자계와 평행한 축 둘레에 각속도 ω[rad/s]로 회전하는 반지름 a[m]의 도체 원판에 그림과 같이 브러시 b를 접촉시킬 때 저항 R[Ω]에 흐르는 전류 I[A]는?

① $\dfrac{\omega B a^2}{2R}$

② $\dfrac{\omega B a^2}{R}$

③ $\dfrac{\omega B a}{2R}$

④ $\dfrac{\omega B a}{R}$

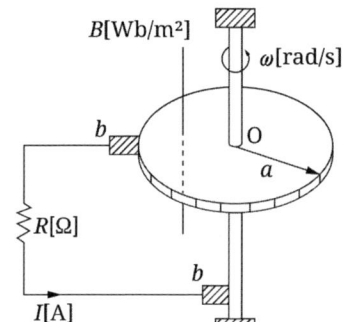

해설 16

유도 기전력 $e = \dfrac{\omega B a^2}{2}$[V], $I = \dfrac{e}{R} = \dfrac{\omega B a^2}{2R}$[A]

[답] ①

17. 전자유도법칙과 관계가 먼 것은?

① 노이만의 법칙 ② 렌쯔의 법칙

③ 패러데이의 법칙 ④ 암페어의 오른나사 법칙

해설 17

암페어의 오른나사 법칙은 전류에 의한 자기장의 방향을 나타내는 것이다.

[답] ④

18. 자기 인덕턴스 0.05[H]의 회로에 흐르는 전류가 매초 530[A]의 비율로 증가할 때 자기 유도 기전력[V]은?

① -25.5 ② -26.5 ③ 25.5 ④ 26.5

해설 18

전류가 증가할 때는 감소하는 방향의 유도 기전력이 발생한다. 따라서 -가 붙는다.

$e = -0.05 \times \dfrac{530}{1} = -26.5[\text{V}]$

[답] ②

19. 자계 중에 한 코일이 있다. 이 코일에 전류 $I = 2[\text{A}]$가 흐르면 $F = 2[\text{N}]$의 힘이 작용한다. 또 이 코일을 $v = 5[\text{m/s}]$로 운동시키면 $e[\text{V}]$의 기전력이 발생한다. 기전력은 몇 [V]인가?

① 3 ② 5 ③ 7 ④ 9

해설 19

플레밍의 왼손법칙과 오른손법칙을 적용한다.

$F = IBl\sin\theta[\text{N}], \ e = vBl\sin\theta[\text{V}], \ e = v\dfrac{F}{I} = 5 \times \dfrac{2}{2} = 5[\text{V}]$

[답] ②

20. 인덕턴스가 20[mH]인 코일에 흐르는 전류가 0.2[sec] 동안에 6[A]가 변화했다면 코일에 유도되는 기전력은 몇 [V]인가?

① 0.6 ② 1 ③ 3 ④ 30

해설 20

$e = L\dfrac{di}{dt} = 20 \times 10^{-3} \times \dfrac{6}{0.2} = 0.6[\text{V}]$

문제에서 변화는 증가 및 감소를 의미한다. 따라서 이 문제는 크기만 계산한다.

[답] ①

21. [Ohm·sec]와 같은 단위는?

① [farad]   ② [farad/m]   ③ [henry]   ④ [henry/m]

해설 21

$e = L\dfrac{di}{dt}, \quad L = \dfrac{edt}{di}\left[\dfrac{V}{A} \cdot s = \Omega \cdot s = H\right]$

[답] ③

22. 상호 인덕턴스 200[μH]인 회로의 1차 코일에 3[A]의 전류가 3[s] 동안에 15[A]로 변화했다. 2차 코일에 유도되는 기전력은 몇 [V]가 되는가?

① 2×10^{-4} ② 4×10^{-4} ③ 6×10^{-4} ④ 8×10^{-4}

해설 22

$e = -M\dfrac{di}{dt} = -200 \times 10^{-6} \times \dfrac{15-3}{3} = -8 \times 10^{-4}[V]$

보기가 크기만 주어졌다.

[답] ④

Chapter 10

인덕턴스

01. 인덕턴스(Inductance)

02. 자기 인덕턴스

03. 노이만의 공식

04. 인덕턴스의 합성

05. 자기 에너지

● 적중실전문제

Chapter 10 인덕턴스

01 인덕턴스(Inductance)

전류와 쇄교 자속사이 비례상수를 인덕턴스라 한다. 전류 I_1, I_2가 회로 C_1, C_2에 흐르는 경우 I_1이 만드는 자속 중 회로 C_1과의 쇄교 자속수를 $L_1 I_1 = \phi_{11} N_1 [\text{WbT}]$, 회로 C_2와 쇄교하는 자속수를 $M_{21} I_1 = \phi_{21} N_2 [\text{WbT}]$이라 하면 다음과 같은 관계가 있다.

1) C_1과 쇄교하는 자속

$$\phi_1 = L_1 I_1 + M_{12} I_2$$

2) C_2와 쇄교하는 자속

$$\phi_2 = L_2 I_2 + M_{21} I_1$$

여기서, L_1, L_2은 자기 인덕턴스이고 M_{21}, M_{12}은 상호 인덕턴스이다.

L과 M은 권선 수, 크기, 투자율, 상호 위치에 의하여 정해지는 정수이다. L과 M의 단위는 [H]이며 헨리라 한다.

예제 1

인덕턴스의 단위에서 1[H]는?
① 1[A]의 전류에 대한 자속이 1[Wb]인 경우이다.
② 1[A]의 전류에 대한 유전율이 1[F/m]이다.
③ 1[A]의 전류가 1초 간에 변화하는 양이다.
④ 1[A]의 전류에 대한 자계가 1[AT/m]인 경우이다.

【해설】
1[A]의 전류에 대한 자속이 1[Wb]인 경우 인덕턴스는 1[H]이다.

[답] ①

02 자기 인덕턴스

1) 원주 도체의 내부 자기 인덕턴스

(1) $L = \dfrac{\mu l}{8\pi}[\text{H}]$: 길이 $l[\text{m}]$인 원주 도체의 내부 자기 인덕턴스

(2) $L = \dfrac{\mu}{8\pi}[\text{H/m}]$: 1[m]인 원주 도체의 내부 자기 인덕턴스

인덕턴스 계산과정은 다음과 같다.

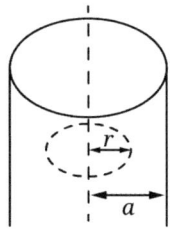 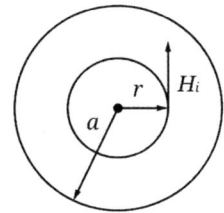

〈무한장 원주도선〉

전류 I가 균일하게 흐르고 있다면 도선 내부 $r < a$인 곳의 전류는 단면적에 비례한다.
따라서, 도선 내부 임의의 부분의 전류는 다음과 같이 계산한다.

$$I_r = \frac{\pi r^2}{\pi a^2}I = \frac{r^2}{a^2}I[\text{A}]$$

반지름 r의 원주상 자계의 세기는 암페어의 주회적분 법칙에서

$$H = \frac{I_r}{2\pi r} = \frac{rI}{2\pi a^2}[\text{A/m}]$$

도선의 투자율 $\mu[\text{H/m}]$라 하면 자속밀도는

$$B = \mu H = \frac{\mu r I}{2\pi a^2}[\text{Wb/m}^2]$$

반지름 r, 두께 dr, 길이 $\ell[\text{m}]$의 원통에 대한 전자에너지는

$$dW = \frac{1}{2}HB2\pi r l dr = \frac{\mu I^2 \ell}{4\pi a^4}r^3 dr[\text{J}]$$

따라서, 길이 l인 원주 도체의 전체에 대한 전자에너지는 0에서 a까지 적분하여 다음과 같이 구한다.

$$W = \int_0^a \frac{\mu I^2 l r^3}{4\pi a^4} dr = \frac{\mu l I^2}{16\pi} [J]$$

원주 도체의 내부 자기인덕턴스 L은

$W = \frac{1}{2}LI^2 = \frac{\mu \ell I^2}{16\pi}$ [J] 관계식에서 $L = \frac{\mu l}{8\pi}$ [H] 이다.

단위 길이의 원주 도체의 내부 자기인덕턴스는 $L = \frac{\mu}{8\pi}$ [H/m] 이다.

(3) 원주도체 내부의 자기에너지

$$W = \frac{\mu l I^2}{16\pi} \ [J]$$

$L = \frac{\mu l}{8\pi}$[H], $W = \frac{1}{2}LI^2$[J], $\therefore W = \frac{\mu l I^2}{16\pi}$[J]

자기 에너지는 투자율, 도선의 길이, 전류와 관계된다.

2) 환상 솔레노이드 (토로이드 코일 : toroid coil)

$$L = \frac{\mu S N^2}{l} \ [H]$$

여기서, $\mu = \mu_0 \mu_s$ [H/m]은 투자율이다.

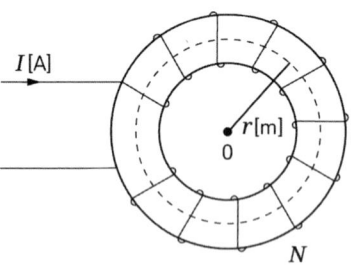

〈환상 솔레노이드〉

여기서, S[m²]은 단면적, N[T]은 권수, l[m]은 평균 길이이다.

인덕턴스 계산과정은 다음과 같다.
평균반지름 $r[\mathrm{m}]$, 평균길이 $l = 2\pi r[\mathrm{m}]$
자속 $\phi = \dfrac{NI}{R_m}[\mathrm{Wb}]$, 자기저항 $R_m = \dfrac{l}{\mu S}[\mathrm{AT/Wb}]$
쇄교 자속 $N\phi = LI$

$$\therefore L = \frac{N\phi}{I} = \frac{N^2}{R_m} = \frac{\mu S N^2}{l}[\mathrm{H}]$$

3) 무한장 솔레노이드

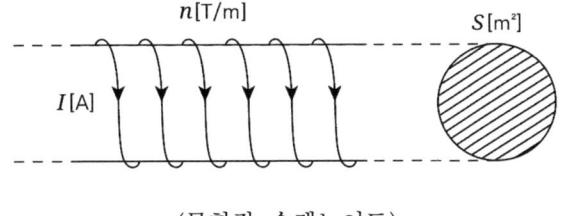

〈무한장 솔레노이드〉

$L = \mu n^2 S [\mathrm{H/m}]$

여기서, $n[\mathrm{T/m}]$은 단위 길이의 권수, $S = \pi a^2 [\mathrm{m}^2]$은 코일의 단면적이다.
$a[\mathrm{m}]$는 단면적의 반지름이다.

인덕턴스 계산과정은 다음과 같다.
암페어의 주회적분의 법칙에서 무한장 솔레노이드 내부의 자계의 세기
$H = nI[\mathrm{AT/m}]$,
자속밀도 $B = \mu n I [\mathrm{Wb/m}^2]$
자속 $\varPhi = BS = \pi a^2 \mu n I [\mathrm{Wb}]$이다.
단위 길이당 쇄교 자속은 $n\varPhi = \pi a^2 \mu n^2 I [\mathrm{Wb/m}]$이다.
$$n\phi = LI$$
$$\therefore L = \frac{n\phi}{I} = \pi a^2 \mu n^2 = \mu n^2 S [\mathrm{H/m}]$$

4) 동축 원통도선 (고압 cable)

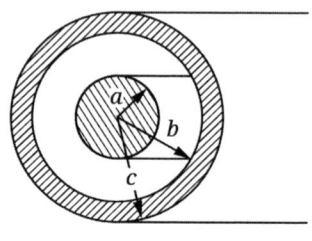

〈동축 케이블〉

$$L = \frac{\mu}{2\pi} ln \frac{b}{a} + \frac{\mu}{8\pi} [\text{H/m}]$$

여기서, 동축 케이블의 심선과 차폐 도체층 사이의 외부자기 인덕턴스는 제1항이고 심선 내부 자기인덕턴스는 제2항이다.
a, b는 내, 외 도체의 반지름이다.

인덕턴스 계산과정은 다음과 같다.
a - b 사이 자계는 내부도체의 전류에 의해서 만들어진다.
반지름 $r(a \leq r \leq b)$의 원주상 자계의 세기는 암페어의 주회적분의 법칙으로 구하면

$$H = \frac{I}{2\pi r} [\text{A/m}], \quad \text{자속밀도는} \quad B = \frac{\mu I}{2\pi r} [\text{Wb/m}^2] \text{이다.}$$

에너지 밀도 $\omega = \frac{1}{2} HB = \frac{\mu I^2}{8\pi^2 r^2} [\text{J/m}^3]$

원주가 $2\pi r [\text{m}]$, 두께 $dr [\text{m}]$, 길이 $l [\text{m}]$ 부분의 미소 체적내 전자 에너지는

$$dW = \frac{\mu I^2}{8\pi^2 r^2} \times 2\pi r \cdot l \cdot dr = \frac{\mu I^2 l}{4\pi r} dr [\text{J}]$$

전체 전자 에너지 $W = \int_a^b \frac{\mu I^2 l}{4\pi r} dr = \frac{\mu I^2 l}{4\pi} \ln \frac{b}{a} [\text{J}]$

따라서 a - b 사이의 외부 자기인덕턴스를 구하면 다음과 같다.

$$W = \frac{1}{2} L I^2 = \frac{\mu I^2 l}{4\pi} \ln \frac{b}{a} [\text{J}]$$

$$\therefore L = \frac{\mu l}{2\pi} \ln \frac{b}{a} [\text{H}]$$

내부 자기인덕턴스와 외부 자기인덕턴스의 합은 다음 식과 같다.

① $L = \dfrac{\mu l}{8\pi} + \dfrac{\mu l}{2\pi} \ln \dfrac{b}{a}$ [H] : 길이 l[m]의 자기인덕턴스

② $L = \dfrac{\mu}{8\pi} + \dfrac{\mu}{2\pi} \ln \dfrac{b}{a}$ [H/m] : 1[m]의 자기인덕턴스

5) 평행 왕복도선

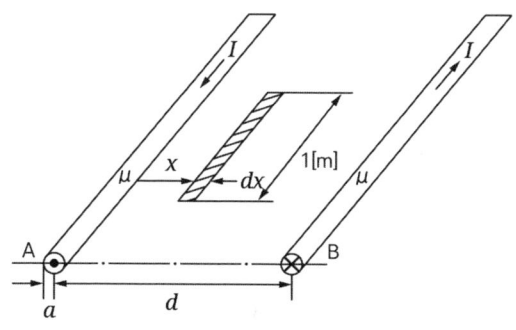

〈평행 왕복도선〉

$$L = \dfrac{\mu}{\pi} ln \dfrac{d}{a} + \dfrac{\mu}{4\pi} [\text{H/m}]$$

여기서, d[m] : 두 평행도선 중심축 사이의 거리, a[m] : 도선의 반지름
단, $d \gg a$ 인 조건이다.

인덕턴스 계산은 다음과 같다.
원형 단면의 반지름이 a[m]이고, 선간 거리 d[m]인 평행 왕복도체,
$a \ll d$ 인 조건에서 단위 길이에 대한 자기 인덕턴스를 구하면 다음과 같다.

한 도체에서 x위치의 자계의 세기 H_x는
$$H_x = \dfrac{I}{2\pi x} + \dfrac{I}{2\pi (d-x)} \; [\text{A/m}]$$

x의 위치에 폭 dx이고 길이 1[m]의 미소 면적을 통과하는 자속은
$$d\phi = B_x(1 \times dx) = \mu H_x dx \, [\text{Wb}]$$

따라서, 전체 자속은 다음과 같이 구한다.

$$\phi = \int_a^{d-a} d\Phi = \frac{\mu I}{2\pi} \int_a^{d-a} (\frac{1}{x} + \frac{1}{d-x}) dx$$

$$= \frac{\mu I}{2\pi} [\ln x - \ln(d-x)]_a^{d-a} = \frac{\mu I}{\pi} \ln \frac{d-a}{a} \fallingdotseq \frac{\mu I}{\pi} \ln \frac{d}{a} [\text{Wb}]$$

$\phi = LI$ 에서 $\quad L = \frac{\phi}{I} = \frac{\mu}{\pi} \ln \frac{d}{a} [\text{H/m}]$

내부 자기인덕턴스와 외부 자기인덕턴스를 합하면 다음과 같다.

$$L = \frac{\mu}{8\pi} \times 2 + \frac{\mu}{\pi} \ln \frac{d}{a} = \frac{\mu}{4\pi} + \frac{\mu}{\pi} \ln \frac{d}{a} [\text{H/m}]$$

예제 2

환상 솔레노이드 코일에 있어서 코일에 흐르는 전류가 2[A]일 때 자로의 자속이 1×10^{-2}[Wb]되었다고 한다. 코일의 권수를 500회라 할 때 이 코일의 자기 인덕턴스 [H]는? (단, 코일의 전류와 자로의 자속과 관계는 정비례하는 것으로 한다.)

① 2.5　　　　② 3.5　　　　③ 4.5　　　　④ 5.5

【해설】

$N\phi = LI, \quad L = \frac{N\phi}{I} = \frac{500 \times 10^{-2}}{2} = 2.5[\text{H}]$

[답] ①

예제 3

단면적 100[cm²], 비투자율 1000인 철심에 500회의 코일을 감고 여기에 1[A]의 전류를 흘릴 때 자계가 1.28[AT/m]이다. 자기 인덕턴스[mH]는?

① 8.04　　　　② 0.16　　　　③ 0.81　　　　④ 16.08

【해설】

$L = \frac{N\phi}{I} = \frac{N}{I} \mu_o \mu_s HS = \frac{500}{1} \times 4\pi \times 10^{-7} \times 1000 \times 1.28 \times 100 \times 10^{-4} = 8.042[\text{mH}]$

[답] ①

03 노이만의 공식

노이만의 공식은 두 회로의 상호 인덕턴스를 구하는 식이다.

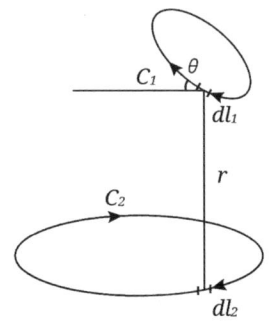

〈두 회로와 상호 인덕턴스〉

$$M = \frac{\mu}{4\pi} \oint_{C_1} \oint_{C_2} \frac{dl_1 dl_2 \cos\theta}{r} \, [\text{H}]$$

여기서, $dl_1, dl_2[\text{m}]$은 두 회로 각각의 미소길이, $r[\text{m}]$은 두 회로 사이의 거리, θ은 두 회로 방향사이의 각이다.

예제 4

2개의 폐회로 C_1, C_2에서 상호 유도계수를 구하는 노이만(Neumann)의 식으로 옳은 것은?
(단, μ: 투자율, ϵ: 유전율, r_{12}: 두 미소 부분간의 거리, $d\ell_1, d\ell_2$: 각 회로 상에 취한 미소 부분이다.)

① $\dfrac{\mu}{\pi} \oint_{C_1} \oint_{C_2} \dfrac{d\ell_1 d\ell_2}{r_{12}}$ ② $\dfrac{\epsilon\mu}{\pi} \oint_{C_1} \oint_{C_2} \dfrac{d\ell_1 d\ell_2}{r_{12}}$

③ $\dfrac{\mu}{2\pi} \oint_{C_1} \oint_{C_2} \dfrac{d\ell_1 d\ell_2}{r_{12}}$ ④ $\dfrac{\mu}{4\pi} \oint_{C_1} \oint_{C_2} \dfrac{d\ell_1 d\ell_2}{r_{12}}$

【해설】
$M = \dfrac{\mu}{4\pi} \oint_{C_1} \oint_{C_2} \dfrac{dl_1 dl_2 \cos\theta}{r} \, [\text{H}]$

두 회로가 평행하면 $\cos 0° = 1$이다.

[답] ④

04 인덕턴스의 합성

1) 상호 인덕턴스가 없는 경우, 두 회로의 접속
   (1) 직렬회로 : $L = L_1 + L_2 [\text{H}]$
   (2) 병렬회로 : $L = \dfrac{1}{\dfrac{1}{L_1} + \dfrac{1}{L_2}} = \dfrac{L_1 L_2}{L_1 + L_2} [\text{H}]$

2) 상호 인덕턴스가 있는 두 회로의 직렬 접속
   ① 가동 결합 : $L = L_1 + L_2 + 2M [\text{H}]$
   ② 차동 결합 : $L = L_1 + L_2 - 2M [\text{H}]$
   ③ $M = k\sqrt{L_1 L_2}$ 여기서 k는 결합계수이다.

   가동결합은 두 회로의 자속이 같은 방향이고,
   차동결합은 두 회로의 자속이 반대 방향이다.

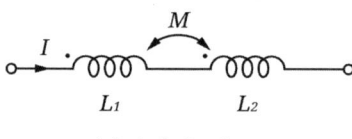

〈가동결합 회로〉

예제 5

1차, 2차 코일의 자기 인덕턴스가 각각 49[mH], 100[mH], 결합 계수 0.9일 때, 이 두 코일을 자속이 합하여지도록 같은 방향으로 직렬로 접속하면 합성 인덕턴스[mH]는?
① 212   ② 219   ③ 275   ④ 289

【해설】
$L_+ = L_1 + L_2 + 2M [\text{H}]$
$M = k\sqrt{L_1 L_2}$
$L_+ = 49 + 100 + 2 \times 0.9 \sqrt{49 \times 100} = 275 [\text{mH}]$

[답] ③

05 자기 에너지

1) 권수가 N[T]인 코일에 전류 I[A]가 흐르고 발생 자속이 ϕ[Wb]이며 자기 인덕턴스가 L[H]인 경우 축적되는 자기에너지는 다음과 같다.

$$W = \frac{1}{2}LI^2 = \frac{1}{2}NI\phi \text{[J]}$$

$$N\phi = LI$$

2) 두 회로가 상호 인덕턴스 $M[H]$로 결합된 경우 축적 에너지는 다음과 같다.

$$W = \frac{1}{2}L_1I_1^2 + \frac{1}{2}L_2I_2^2 \pm MI_1I_2 \text{[J]}$$

여기서, $+M$은 가동결합의 상호인덕턴스이고 $-M$은 차동결합의 상호인덕턴스이다.

예제 6

인덕턴스 L[H]인 코일에 I[A]의 전류가 흐른다면, 이 코일에 축적되는 에너지[J]는?

① LI^2 ② $2LI^2$ ③ $\frac{1}{2}LI^2$ ④ $\frac{1}{4}LI^2$

【해설】

코일에 축적되는 에너지는 $W = \frac{1}{2}LI^2$[J]이다.

[답] ③

Chapter 10. 인덕턴스

적중실전문제

1. 인덕턴스의 단위에서 1[H]는?

① 1[A]의 전류에 대한 자속이 1[Wb]인 경우이다.
② 1[A]의 전류에 대한 유전율이 1[F/m]이다.
③ 1[A]의 전류가 1초 간에 변화하는 양이다.
④ 1[A]의 전류에 대한 자계가 1[AT/m]인 경우이다.

> **해설 1**
> 인덕턴스는 자속과 전류의 관계에서 비례상수이다.
> $\phi = LI$, $L = \dfrac{\phi}{I} = \dfrac{1}{1} = 1[H]$

[답] ①

2. 권수 200회이고, 자기 인덕턴스 20[mH]의 코일에 2[A]의 전류를 흘리면, 쇄교 자속수[Wb]는?

① 0.04 ② 0.01 ③ 4×10^{-4} ④ 2×10^{-4}

> **해설 2**
> $N\phi = LI = 20 \times 10^{-3} \times 2 = 0.04[Wb]$
> 쇄교 자속과 자속을 구별해야 한다.

[답] ①

3. 권수가 N인 철심이 든 환상 솔레노이드가 있다. 철심의 투자율을 일정하다고 하면, 이 솔레노이드의 자기 인덕턴스 L은? (단, 여기서 R_m은 철심의 자기 저항이고 솔레노이드에 흐르는 전류를 I라 한다.)

① $L = \dfrac{R_m}{N^2}$ ② $L = \dfrac{N^2}{R_m}$ ③ $L = R_m N^2$ ④ $L = \dfrac{N}{R_m}$

해설 3

자속 $\phi = \dfrac{NI}{R_m}[wb]$, 자기저항 $R_m = \dfrac{l}{\mu S}[\text{AT/Wb}]$

쇄교 자속 $N\phi = LI$

$\therefore L = \dfrac{N\phi}{I} = \dfrac{N^2}{R_m} = \dfrac{\mu S N^2}{l}[\text{H}]$

[답] ②

★★★★★

4. 그림과 같이 단면적이 균일한 환상 철심에 권수 N_1인 A코일과 권수 N_2인 B코일이 있을 때 A코일의 자기 인덕턴스가 $L_1[\text{H}]$라면 두 코일의 상호 인덕턴스 $M[\text{H}]$는? (단, 누설 자속은 0이다.)

① $\dfrac{L_1 N_1}{N_2}$ ② $\dfrac{N_2}{L_1 N_1}$

③ $\dfrac{N_1}{L_1 N_2}$ ④ $\dfrac{L_1 N_2}{N_1}$

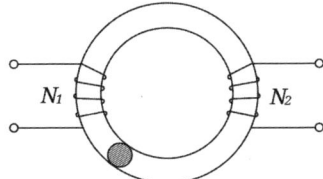

해설 4

$L_1 : M = N_1^2 : N_1 N_2$ $\therefore M = \dfrac{N_2}{N_1} L_1$

[답] ④

★★★★★

5. 권수 3000회인 공심 코일의 자기 인덕턴스는 0.06[mH]이다. 지금 자기 인덕턴스를 0.135[mH]로 하자면 권수는 몇 회로 하면 되는가?

① 3500회 ② 4500회 ③ 5500회 ④ 6750회

해설 5

코일의 인덕턴스는 권수제곱에 비례한다.

$L \propto N^2$

$0.06 : 0.135 = 3000^2 : N^2$ $\therefore N = 4500[\text{T}]$

[답] ②

6. 철심이 들어있는 환상 코일이 있다. 1차 코일의 권수 N_1=100회일 때 자기 인덕턴스는 0.01[H]였다. 이 철심에 2차 코일 N_2=200회를 감았을 때 1, 2차 코일의 상호 인덕턴스는 몇 [H]인가? (단, 결합 계수 k=1로 한다.)

① 0.01　　② 0.02　　③ 0.03　　④ 0.04

해설 6

$M = \dfrac{N_2}{N_1} L_1 = \dfrac{200}{100} \times 0.01 = 0.02[\text{H}]$

[답] ②

7. 자기 인덕턴스가 각각 L_1, L_2인 A, B 두 개의 코일이 있다. 이때 상호 인덕턴스 $M = \sqrt{L_1 L_2}$ 라면 다음 중 옳지 않은 것은?

① A 코일이 만든 자속은 전부 B 코일과 쇄교된다.
② 두 코일이 만드는 자속은 항상 같은 방향이다.
③ A 코일에 1초 동안에 1[A]의 전류 변화를 주면 B 코일에는 1[V]가 유도된다.
④ L_1, L_2는 (-) 값을 가질 수 없다.

해설 7

상호 인덕턴스 M이 1이면 A코일에 1초 동안에 1[A]의 전류 변화를 주면 B 코일에는 1[V]가 유도된다. $M = \sqrt{L_1 L_2}$은 상호 인덕턴스 M이 얼마인지 알 수 없다.

[답] ③

8. 그림과 같이 코일 1과 2가 있고 인덕턴스가 L_1, L_2라 할 때, 상호 인덕턴스 M_{12}는 다음 어느 식이 되는가? (단, k는 결합 계수이다.)

① $M_{12}^2 = k L_1 L_2$ ② $M_{12}^2 = k^2 L_1 L_2$

③ $M_{12}^2 = \dfrac{L_1 L_2}{k}$ ④ $M_{12}^2 = k \dfrac{L_1}{L_2}$

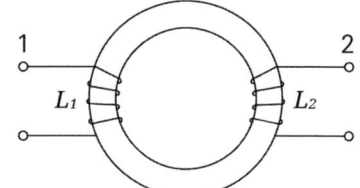

해설 8

$M_{12} = k\sqrt{L_1 L_2}$
위 식의 좌우를 제곱하면 $M_{12}^2 = k^2 L_1 L_2$이다.

[답] ②

9. 단면적 S[m²], 자로의 길이 l[m], 투자율 μ[H/m]의 환상 철심에 1[m] 당 N회 균등하게 코일을 감았을 때 자기 인덕턴스 [H]는?

① $\mu N^2 \ell S$ ② $\dfrac{\mu N^2 \ell}{S}$ ③ $\mu N \ell S$ ④ $\dfrac{\mu N^2 S}{\ell}$

해설 9

$L = \dfrac{\mu(Nl)^2 S}{l} = \mu N^2 l S [\text{H}]$

[답] ①

10. 코일에 있어서 자기 인덕턴스는 다음의 어떤 매질 상수에 비례 하는가?

① 저항률   ② 유전율   ③ 투자율   ④ 도전율

해설 10

인덕턴스는 투자율에 비례한다.
$L \propto \mu$

[답] ③

11. 코일의 권수를 2배로 하면 인덕턴스의 값은 몇 배가 되는가?
　　① 1/2배　　② 1/4배　　③ 2배　　④ 4배

해설 11
인덕턴스는 권수의 제곱에 비례한다.
$L \propto N^2$, $L' \propto (2N)^2 = 4N^2$

[답] ④

12. N회 감긴 환상 코일의 단면적이 S[m²]이고 평균 길이가 l[m]이다. 이 코일의 권수를 반으로 줄이고 인덕턴스를 일정하게 하려면?
① 길이를 1/4배로 한다.　　② 단면적을 2배로 한다.
③ 전류의 세기를 2배로 한다.　　④ 전류의 세기를 4배로 한다.

해설 12
$L = \dfrac{\mu S N^2}{\ell}$[H], $\left(\dfrac{1}{2}N\right)^2 = \dfrac{1}{4}N^2$ 따라서 S를 4배로 하든가 분모 ℓ을 $\dfrac{1}{4}\ell$로 한다.

[답] ①

13. 단면적 S, 평균 반지름 r, 권회수 N인 토로이드(toroid) 코일에 누설 자속이 없는 경우 자기 인덕턴스의 크기는?
① 권선수의 제곱에 비례하고 단면적에 반비례한다.
② 권선수 및 단면적에 비례한다.
③ 권선수의 제곱 및 단면적에 비례한다.
④ 권선수의 제곱 및 평균 반지름에 비례한다.

해설 13
$L = \dfrac{\mu S N^2}{\ell}$[H], L[H]은 N^2에 비례하고 S[m²]에 비례한다.

[답] ③

14. 지름 4[cm]의 공심 솔레노이드의 길이가 50[cm]이고 권수가 2000회이다. 이 코일의 인덕턴스[mH]는?

① 8　　　② 12.6　　　③ 18.4　　　④ 39.56

> **해설 14**
>
> $L = \dfrac{4\pi \times 10^{-7} \times \pi (0.02)^2 \times 2000^2}{0.5} = 12.63 \times 10^{-3}[\text{H}]$

[답] ②

15. 무한히 긴 원주 도체의 내부 인덕턴스의 크기는 어떻게 결정되는가?
① 도체의 인덕턴스는 0이다.
② 도체의 기하학적 모양에 따라 결정된다.
③ 주위와 자계의 세기에 따라 결정된다.
④ 도체의 재질에 따라 결정된다.

> **해설 15**
>
> $L = \dfrac{\mu \ell}{8\pi}[\text{H}]$, 투자율 μ는 도체의 재질로 결정한다.

[답] ④

16. 같은 철심 위에 인덕턴스 L이 같은 두 코일을 같은 방향으로 감고 직렬로 연결하였을 때 합성 인덕턴스는? (단, 두 코일이 완전 결합일 때이다.)

① 0　　　② 2L　　　③ 3L　　　④ 4L

> **해설 16**
>
> $L_+ = L + L + 2k\sqrt{L \cdot L} = 4L$　여기서 $k = 1$

[답] ④

17. 1차, 2차 코일의 자기 인덕턴스가 각각 49[mH], 100[mH], 결합 계수 0.9일 때, 이 두 코일을 자속이 합하여지도록 같은 방향으로 직렬로 접속하면 합성 인덕턴스[mH]는?

① 212 ② 219
③ 275 ④ 289

해설 17

$L_+ = L_1 + L_2 + 2M$ [H]

$M = k\sqrt{L_1 L_2}$

$L_+ = 49 + 100 + 2 \times 0.9\sqrt{4,900} = 275$

[답] ③

18. 10[mH]의 두 가지 인덕턴스가 있다. 결합 계수를 0.1로부터 0.9까지 변화시킬 수 있다면 이것을 접속시켜 얻을 수 있는 합성 인덕턴스의 최대값과 최소값의 비는?

① 9:1 ② 13:1
③ 16:1 ④ 19:1

해설 18

최소 $L_1 = 10 + 10 - 0.9\sqrt{10 \times 10} \times 2 = 2$[mH]

최대 $L_2 = 10 + 10 + 0.9\sqrt{10 \times 10} \times 2 = 38$[mH]

$L_2 : L_1 = 38 : 2 = 19 : 1$

[답] ④

19. 다음은 전계와 자계 내의 에너지에 관한 설명이다. 옳지 않은 것은?

① 전계 내의 단위 체적당 축적되는 에너지는 $\frac{1}{2}\epsilon_0 E^2$ 이다.

② 자계 내의 단위 체적당 축적되는 에너지는 $\frac{1}{2}\frac{B^2}{\mu_0}$ 이다.

③ 자기 인덕턴스 L인 코일에 전류 I[A]가 흐를 때 축적되는 에너지는 $\frac{1}{2}L^2 I$ 이다.

④ 2개의 도체의 전위 및 전하가 각각 V_1, Q_1 및 V_2, Q_2일 때 이 계의 에너지는 $\frac{1}{2}(Q_1 V_1 + Q_2 V_2)$ 이다.

해설 19

$W = \frac{1}{2}LI^2 \text{[J]}$

[답] ③

20. 100[mH]의 자기 인덕턴스를 가진 코일에 10[A]의 전류를 통할 때 축적되는 에너지[J]는?

① 1　　　　　　　　② 5
③ 50　　　　　　　 ④ 1000

해설 20

$\frac{1}{2}LI^2 = \frac{1}{2} \times 100 \times 10^{-3} \times 10^2 = 5\text{[J]}$

[답] ②

21. 어떤 자기 회로에 3000[AT]의 기자력을 줄 때 2×10^{-3}[Wb]의 자속이 통하였다. 이 자기 회로의 자화에 필요한 에너지는 몇 [J]인가?

① 3×10 ② 3   ③ 1.5×10 ④ 1.5

해설 21

$N\phi = LI, \quad W = \frac{1}{2} NI\phi = \frac{1}{2} \times 3000 \times 2 \times 10^{-3} = 3[J]$

[답] ②

22. 자기 인덕턴스가 20[mH]인 코일에 전류를 흘려주었을 때 코일과의 쇄교 자속수가 0.2[Wb]였다. 이때 코일에 저축되는 자기 에너지[J]는?

① 0.5   ② 1   ③ 2   ④ 4

해설 22

$W = \frac{\phi^2}{2L} = \frac{0.2^2}{2 \times 20 \times 10^{-3}} = 1[J]$

[답] ②

23. L=10[H]의 회로에 전류 6[A]가 흐르고 있다. 이 회로의 자계 내에 축적되는 에너지는 몇 [Wh]인가?

① 8.3×10^{-3} ② 4×10^{-2} ③ 5×10^{-2} ④ 8×10^{-2}

해설 23

$W = \frac{1}{2} \times 10 \times 6^2 \times \frac{1}{3600}[Wh] = 0.05[Wh]$

[답] ③

⭐⭐⭐⭐⭐

24. 전원에 연결한 코일에 10[A]가 흐르고 있다. 지금 순간적으로 전원을 떼고 코일에 저항을 연결하였을 때 저항에서 24[cal]의 열량이 발생하였다. 코일의 인덕턴스는 몇 [H]인가?

① 0.1   ② 0.5   ③ 2   ④ 24

해설 24

$1[J] = 0.24[cal]$
$24 = 0.24 \times \dfrac{1}{2} L \times 10^2 \,[cal], \ L = 2[H]$

[답] ③

⭐⭐⭐⭐⭐

25. 반지름 a의 직선상 도체에 전류 I가 고르게 흐를 때 도체 내의 전자 에너지와 관계없는 것은?

① 투자율   ② 도체의 단면적   ③ 도체의 길이   ④ 전류의 크기

해설 25

$W = \dfrac{\mu \ell I^2}{16\pi}[J]$

[답] ②

⭐⭐⭐⭐⭐

26. 자기 인덕턴스 L_1, L_2인 두 회로의 상호 인덕턴스가 M일 때 각각 회로에 I_1, I_2 흐르면 이 전류계에 저장하는 자계의 에너지는?

① $\dfrac{1}{2}L_1 I_1^2 + \dfrac{1}{2}L_2 I_2^2 + \dfrac{1}{2}M I_1 I_2$
② $\dfrac{1}{2}L_1 I_1^2 + \dfrac{1}{2}L_2 I_2^2 + M I_1 I_2$
③ $L_1 I_1^2 + L_2 I_2^2 + M I_1 I_2$
④ $L_1 I_1^2 + L_2 I_2^2 + 2M I_1 I_2$

해설 26

$W = \dfrac{1}{2}L_1 I_1^2 + \dfrac{1}{2}L_2 I_2^2 + M I_1 I_2 [J]$

[답] ②

27. 환상솔레노이드의 자기 인덕턴스에서 코일 권수를 5배로 하였다면 인덕턴스의 값은?

① 변함이 없다. ② 5배 증가한다.
③ 10배 증가한다. ④ 25배 증가한다.

해설 27

환상솔레노이드의 자기 인덕턴스는 코일의 권수 제곱에 비례한다.
$L = \dfrac{\mu S N^2}{l}$ [H], $L \propto N^2$

[답] ④

Chapter 11

전자장

01. 변위 전류

02. 맥스웰(Maxwell)의 전자계에 대한 방정식

03. 전자파

04. 포인팅 벡터(Poynting Vector)

- 적중실전문제

Chapter 11 전자장

01 변위 전류

1) 변위 전류 (displacement current)
전속 밀도의 시간적인 변화이다. 유전체의 전류를 변위 전류라 한다.

$$i_d = \frac{\partial D}{\partial t} = \epsilon \frac{\partial E}{\partial t} [\text{A}/\text{m}^2]$$

실효값 $i_d = \omega \epsilon E = 2\pi f \epsilon E [\text{A}/\text{m}^2]$

2) 전도 전류 (conduction current)
전하가 이동하는 것이다. 도체의 전류를 전도 전류라 한다.

$$i_c = kE = \frac{1}{\rho} E [\text{A}/\text{m}^2]$$

여기서, $k[\mho/\text{m}]$: 도전율, $\rho[\Omega \cdot \text{m}]$: 고유저항, $E[\text{V}/\text{m}]$: 전계의 세기

예제 1

변위 전류와 가장 관계가 깊은 것은?
① 반도체
② 유전체
③ 자성체
④ 도체

【해설】
유전체의 전류를 변위 전류라 한다.

[답] ②

02 맥스웰(Maxwell)의 전자계에 대한 방정식

① 암페어(Ampere)의 주회적분의 법칙

$$\oint_l H \cdot dl = \int_s i \cdot dS + \int_s \frac{\partial D}{\partial t} \cdot dS$$

② 패러데이(Faraday)의 전자유도 법칙

$$e = \oint_l E \cdot dl = -\int_s \frac{\partial B}{\partial t} \cdot dS$$

③ 가우스(Gauss)의 법칙

$$Q = \int_s D \cdot dS = \int_v div D \, dv = \int_v \rho \, dv$$

$$\phi = \int_s B \cdot dS = \int_v div B \, dv = 0$$

다음은 맥스웰의 전계와 자계에 대한 4가지 미분방정식이다.

1) 정전계
$div D = \rho$: 전하에서 전속이 발산한다.

2) 정자계
$div B = 0$: 자석 (N극, S극)에서 자속밀도의 발산이 없다.
자속은 N극에서 S극으로 폐회로를 만든다.

3) 전류와 자계

$$rot H = i_c + \frac{\partial D}{\partial t}$$

$i_c = kE [\text{A}/\text{m}^2]$: 전도 전류

$i_d = \frac{\partial D}{\partial t} [\text{A}/\text{m}^2]$: 변위 전류

전도 전류와 변위 전류는 주위에 자계를 만든다.

4) 전계와 자계

$$rot\,E = -\frac{\partial B}{\partial t}$$

자계가 시간적으로 변하는 주위에 전계의 회전이 발생한다.

예제 2

다음 중 전자계에 대한 맥스웰의 기본 이론이 아닌 것은?
① 자계의 시간적 변화에 따라 전계의 회전이 생긴다.
② 전도 전류와 변위 전류는 자계를 발생시킨다.
③ 고립된 자극이 존재한다.
④ 전하에서 전속선이 발산된다.

【해설】
고립된 자극이 존재하지 않는다.

[답] ③

---

03 전자파

1) 자유공간 내의 전계, 자계에 대한 식

(1) 유전율 ε_0 투자율 μ_0가 일정하고 도전율 $k=0$ 전하 $\rho=0$ 인 공간

① $rot\,H = \varepsilon_0 \dfrac{\partial E}{\partial t}$

② $rot\,E = -\mu_0 \dfrac{\partial H}{\partial t}$

③ $div\,E = 0$

④ $div\,H = 0$

(2) 유전율 ε 투자율 μ가 일정하고 도전율 k=0이며 전하 ρ=0인 완전 절연체에서 다음 식을 얻는다.

① $rot\,H = \varepsilon \dfrac{\partial E}{\partial t} \to \nabla \times H = \varepsilon \dfrac{\partial E}{\partial t}$

② $rot\,E = -\mu \dfrac{\partial H}{\partial t} \to \nabla \times E = -\mu \dfrac{\partial H}{\partial t}$

③ $div\,E = 0 \to \nabla \cdot E = 0$

④ $div\,H = 0 \to \nabla \cdot H = 0$

① 식의 좌우에 rot를 곱하여 정리하면 자파 방정식이다.

$$\nabla \times \nabla \times H = \varepsilon \frac{\partial}{\partial t} \nabla \times E$$

$$\nabla(\nabla \cdot H) - \nabla^2 H = -\varepsilon\mu \frac{\partial^2 H}{\partial t^2}$$

위 식에서 좌변의 제 1항은 0이다. 따라서 다음의 식이 된다.

자파 방정식은 $\nabla^2 H = \varepsilon\mu \frac{\partial^2 H}{\partial t^2}$ 이다.

② 식의 좌우에 rot를 곱하여 정리하면 전파 방정식이다.

$$\nabla \times \nabla \times E = -\mu \frac{\partial}{\partial t} \nabla \times H$$

$$\nabla(\nabla \cdot E) - \nabla^2 E = -\varepsilon\mu \frac{\partial^2 E}{\partial t^2}$$

위 식에서 좌변의 제 1항은 0이다. 따라서 다음의 식이 된다.

전파방정식은 $\nabla^2 E = \varepsilon\mu \frac{\partial^2 E}{\partial t^2}$ 이다.

⑤ 전파 방정식 $\nabla^2 E = \varepsilon\mu \frac{\partial^2 E}{\partial t^2}$

⑥ 자파 방정식 $\nabla^2 H = \varepsilon\mu \frac{\partial^2 H}{\partial t^2}$

이것은 파동을 만족하는 미분 방정식이며,
E, H는 파동의 모양이다. 이것을 전자파라고 한다.

2) 전자파는 진행방향 성분은 없고, 진행방향과 수직 성분만 있다.
   전파와 자파는 90°의 방향이며, 위상은 동상이다.

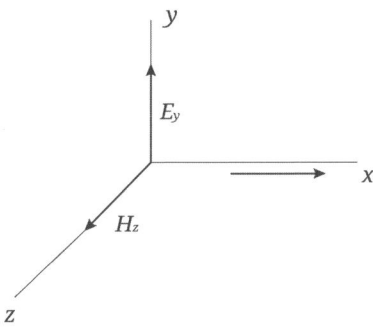

〈직각좌표계에서 평면파의 성분〉

3) 전자파 속도

$$v = \frac{1}{\sqrt{\epsilon\mu}}$$
$$= \frac{1}{\sqrt{\epsilon_0\mu_0}} \frac{1}{\sqrt{\epsilon_s\mu_s}}$$
$$= 3\times 10^8 \frac{1}{\sqrt{\epsilon_s\mu_s}} [\text{m/s}]$$

4) E와 H의 비인 파동(고유) 임피던스

$$Z_0 = \frac{E}{H} = \sqrt{\frac{\mu}{\epsilon}} = \sqrt{\frac{\mu_0}{\epsilon_0}}\sqrt{\frac{\mu_s}{\epsilon_s}}$$
$$= 120\pi\sqrt{\frac{\mu_s}{\epsilon_s}} = 377\sqrt{\frac{\mu_s}{\epsilon_s}} [\Omega]$$

5) 전자파에 의한 이동에너지

① $W = \frac{1}{2}(\epsilon E^2 + \mu H^2)[\text{J/m}^3]$

② 전파 에너지와 자파 에너지는 같다.

$$\frac{1}{2}\epsilon E^2 = \frac{1}{2}\mu H^2$$
$$\sqrt{\varepsilon}\,E = \sqrt{\mu}\,H$$

예제 3

전자파의 진행 방향은?
① 전계 E의 방향과 같다.
② 자계 H의 방향과 같다.
③ E×H의 방향과 같다.
④ H×E의 방향과 같다.

【해설】
E×H의 방향과 같다.

[답] ③

04 포인팅 벡터(Poynting Vector)

전자파는 전계와 자계에 직각인 방향으로 $v[\mathrm{m/s}]$의 속도로 진행한다.

1) 포인팅 벡터
단위 시간에 진행 방향과 직각인 단위 면적을 통과하는 에너지이다.

$$P = \frac{1}{2}(\epsilon E^2 + \mu H^2)\frac{1}{\sqrt{\epsilon\mu}}$$
$$= EH \ [\mathrm{W/m^2}]$$

$\sqrt{\epsilon}\,E = \sqrt{\mu}\,H$ 관계에서

$E = \sqrt{\dfrac{\mu}{\epsilon}}\,H, \ H = \sqrt{\dfrac{\epsilon}{\mu}}\,E$ 를 위 식에 대입한다.

$$P = EH \ [\mathrm{W/m^2}]$$
$$P = \sqrt{\frac{\epsilon}{\mu}}\,E^2 = \sqrt{\frac{\mu}{\epsilon}}\,H^2 \ [\mathrm{W/m^2}]$$

벡터로 표시하면 다음과 같다.
$$P = E \times H \ [\mathrm{W/m^2}]$$

예제 4

다음 중 전계와 자계와의 관계는?
① $\sqrt{\mu}\,H = \sqrt{\epsilon}\,E$ ② $\sqrt{\mu\epsilon} = EH$
③ $\sqrt{\epsilon}\,H = \sqrt{\mu}\,E$ ④ $\mu = EH$

【해설】
전자파는 전계에너지와 자계에너지의 흐름이다.
$\dfrac{1}{2}\varepsilon E^2 = \dfrac{1}{2}\mu H^2$

[답] ①

Chapter 11. 전자장
적중실전문제

1. 유전체에서 변위 전류를 발생하는 것은?
① 분극 전하밀도의 시간적 변화
② 전속밀도의 시간적 변화
③ 자속밀도의 시간적 변화
④ 분극 전하밀도의 공간적 변화

해설 1

$i_d = \dfrac{\partial D}{\partial t} [A/m^2]$: 전속밀도의 시간적 변화이다.

[답] ②

2. 변위 전류와 가장 관계가 깊은 것은?
① 반도체 ② 유전체
③ 자성체 ④ 도체

해설 2

변위 전류는 유전체, 전도 전류는 도체이다.

[답] ②

3. 전도 전자나 구속 전자의 이동에 의하지 않는 전류는?
① 전도 전류 ② 대류 전류
③ 분극 전류 ④ 변위 전류

해설 3

변위 전류는 양자와 전자의 상대적인 변위이다. 따라서 이동하지 않는다.

[답] ④

★★★★★

4. 유전체에서의 변위 전류에 대한 설명으로 옳은 것은?
   ① 유전체의 굴절률이 2배가 되면 변위 전류의 크기도 2배가 된다.
   ② 변위 전류의 크기는 투자율의 값에 비례한다.
   ③ 변위 전류는 자계를 발생시킨다.
   ④ 전속밀도의 공간적 변화가 변위 전류를 발생시킨다.

   해설 4
   $i_d = \omega \epsilon E = 2\pi f \epsilon [A/m^2]$
   변위 전류는 주파수 f, 유전율 ϵ에 비례한다.

   [답] ③

★★★★★

5. 간격 $d[m]$인 두 개의 평행판 전극 사이에 유전율 ϵ의 유전체가 있을 때 전극 사이에 전압 $v = V_m \sin\omega t \,[V]$를 인가하면 변위 전류 밀도$[A/m^2]$는?

   ① $\dfrac{\epsilon}{d} V_m \cos\omega t$
   ② $\dfrac{\epsilon}{d} \omega V_m \cos\omega t$
   ③ $\dfrac{\epsilon}{d} \omega V_m \sin\omega t$
   ④ $-\dfrac{\epsilon}{d} V_m \cos\omega t$

   해설 5
   $i_d = \dfrac{\partial D}{\partial t} = \epsilon \dfrac{\partial E}{\partial t} = \epsilon \dfrac{\partial}{\partial t} \dfrac{V_m \sin\omega t}{d} = \dfrac{\omega \epsilon V_m}{d} \cos\omega t [A/m^2]$

   [답] ②

6. 전극 간격 d[m] 면적 S[m²] 유전율 ϵ[F/m]이고 정전 용량이 $C[F]$인 평행판 콘덴서에 $e = E_m \sin\omega t$[V]의 전압을 가할 때의 변위 전류는?

① $\omega C E_m \cos\omega t$　　② $\dfrac{1}{\omega C} E_m \cos\omega t$

③ $\omega C E_m \sin\omega t$　　④ $\dfrac{1}{\omega C} E_m \sin\omega t$

해설 6

$id = \dfrac{\omega \epsilon E_m}{d} \cos\omega t [\text{A/m}^2]$

$id \times S = \dfrac{\omega \epsilon S E_m}{d} \cos\omega t = \omega C E_m \cos\omega t [\text{A}]$

[답] ①

7. 자유 공간에서 z방향으로 진행하는 평면 전자파로 옳지 않은 것은?

① 전파 및 자파의 z성분이 없다. ($E_z = 0, H_z = 0$)

② x에 관한 전파의 1차 도함수가 영이다. $\left(\dfrac{E}{x} = 0\right)$

③ y에 관한 자파의 1차 도함수가 영이다. $\left(\dfrac{H}{y} = 0\right)$

④ z에 관한 자파의 1차 도함수가 영이다. $\left(\dfrac{E}{z} = 0\right)$

해설 7

전자파는 진행방향과 수직으로 진동하면서 진행한다. z에 관한 자파 및 전파의 1차 도함수는 값이 있다.

[답] ④

8. 평면 전자파의 전계 E와 자계 H 사이의 관계식은?

① $E = \sqrt{\dfrac{\epsilon}{\mu}}\,H$ ② $E = \sqrt{\epsilon\mu}\,H$

③ $E = \sqrt{\dfrac{\mu}{\epsilon}}\,H$ ④ $E = \sqrt{\dfrac{1}{\mu\epsilon}}\,H$

해설 8
전계와 자계의 관계는 $\sqrt{\mu}\,H = \sqrt{\epsilon}\,E$ 이다.

[답] ③

9. 유전율 ϵ, 투자율 μ의 공간을 전파하는 전자파의 전파 속도 v는?

① $v = \sqrt{\epsilon\mu}$ ② $v = \sqrt{\dfrac{\epsilon}{\mu}}$

③ $v = \sqrt{\dfrac{\mu}{\epsilon}}$ ④ $v = \dfrac{1}{\sqrt{\epsilon\mu}}$

해설 9
전자파의 전파속도는 $v = \dfrac{1}{\sqrt{\epsilon\mu}}$ [m/s]이다.

[답] ④

10. 합성수지 ($\epsilon_s = 4$) 중에서 전자파의 속도는 몇 [m/s]인가? (단, $\mu_s = 1$이다.)

① 1.5×10^7 ② 1.5×10^8

③ 3×10^7 ④ 3×10^8

해설 10
$v = 3 \times 10^8 \dfrac{1}{\sqrt{4}} = 1.5 \times 10^8 [\text{m/s}]$

[답] ②

★★★★★

11. 유전율 ϵ, 투자율 μ인 매질 중에 주파수 f[Hz]의 전자파가 전파되어 나갈 때의 파장 [m]은?

① $f\sqrt{\epsilon\mu}$ ② $\dfrac{1}{f\sqrt{\epsilon\mu}}$

③ $\dfrac{1}{\sqrt{\epsilon\mu}}$ ④ $\dfrac{\sqrt{\epsilon\mu}}{f}$

해설 11

$v = \dfrac{1}{\sqrt{\epsilon\mu}} = \lambda f [\text{m/s}]$

[답] ②

★★★

12. 주파수 6[MHz]인 전자파의 파장 [m]은?

① 2 ② 10 ③ 50 ④ 300

해설 12

전자파의 속도는 파장과 주파수의 곱으로 나타낸다.
$v = \lambda f,\ 3 \times 10^8 = \lambda \times 6 \times 10^6,\ \lambda = 50[\text{m}]$

[답] ③

★★★★★

13. 비유전율 $\epsilon_s = 3$, 비투자율 $\mu_s = 3$인 공간이 있다고 가정할 때, 이 공간에서의 전자파의 파장이 10[m]였을 때 주파수[MHz]는?

① 1 ② 3 ③ 6 ④ 10

해설 13

$v = 3 \times 10^8 \dfrac{1}{\sqrt{\epsilon_s \mu_s}} = 3 \times 10^8 \dfrac{1}{\sqrt{3 \times 3}} = 10 \times f,\ 10^8 = 10 \times f,$

$\therefore f = 10^7 [\text{Hz}] = 10 [\text{MHz}]$

[답] ④

14. 진공 중에서 전자파의 진행 속도 [m/s]는?

① 3×10^7 ② 3×10^8 ③ 3×10^9 ④ 3×10^{10}

> **해설 14**
>
> $v = \dfrac{1}{\sqrt{\epsilon_0 \mu_0}} = 3 \times 10^8 [\text{m/s}]$
>
> [답] ②

15. 정전 용량이 $5[\mu F]$인 콘덴서를 $200[V]$로 충전하여 자기 인덕턴스 $L = 20[\text{mH}]$, 저항 $r = 0$인 코일을 통해 방전할 때 생기는 전기 진동의 주파수 $f[\text{Hz}]$ 및 코일에 축적되는 에너지 $[J]$는?

① 500, 0.1   ② 50, 1   ③ 500, 1   ④ 5000, 0.1

> **해설 15**
>
> 공진 주파수 $f = \dfrac{1}{2\pi\sqrt{LC}} = \dfrac{1}{2\pi\sqrt{20 \times 10^{-3} \times 5 \times 10^{-6}}} = 503.292[\text{Hz}]$
>
> 에너지 $W = \dfrac{1}{2}LI^2 = \dfrac{1}{2}CV^2 = \dfrac{1}{2} \times 5 \times 10^{-6} \times 200^2 = 0.1[\text{J}]$
>
> [답] ①

16. 자계 실효값이 $1[\text{mA/m}]$인 평면 전자파가 공기 중에서 이에 수직되는 단면적 $10[\text{m}^2]$를 통과하는 전력[W]은?

① 3.77×10^{-3} ② 3.77×10^{-4}
③ 3.77×10^{-5} ④ 3.77×10^{-6}

> **해설 16**
>
> 포인팅 벡터의 크기와 단면적을 곱하여 구한다.
>
> $W = EHS = \sqrt{\dfrac{\mu_0}{\epsilon_0}} H^2 \times 10 = 377 \times (10^{-3})^2 \times 10 = 3.77 \times 10^{-3}[\text{W}]$
>
> [답] ①

17. 공간 도체 내에서 자속이 시간적으로 변할 때 성립되는 식은 다음 중 어느 것인가? (단, E는 전계, H는 자계, B는 자속밀도이다.)

① $rot E = \dfrac{\partial H}{\partial t}$ ② $rot E = -\dfrac{\partial B}{\partial t}$

③ $div E = \dfrac{\partial B}{\partial t}$ ④ $div E = -\dfrac{\partial H}{\partial t}$

해설 17

전자유도 법칙의 미분형이다.
$rot E = -\dfrac{\partial B}{\partial t}$

[답] ②

18. 패러데이 - 노이만 전자유도법칙에 의하여 일반화된 맥스웰의 전자방정식의 형식은?

① $\nabla \times H = i_c + \dfrac{\partial D}{\partial t}$ ② $\nabla \cdot B = 0$

③ $\nabla \times E = -\dfrac{\partial B}{\partial t}$ ④ $\nabla \cdot D = \rho$

해설 18

패러데이 - 노이만의 전자유도법칙의 미분형이다.
$rot E = -\dfrac{\partial B}{\partial t}$

[답] ③

19. 다음 중 전자계에 대한 맥스웰의 기본 이론이 아닌 것은?
① 자계의 시간적 변화에 따라 전계의 회전이 생긴다.
② 전도 전류와 변위 전류는 자계를 발생시킨다.
③ 고립된 자극이 존재한다.
④ 전하에서 전속선이 발산된다.

해설 19

고립된 자극이 존재하지 않는다. 자극은 N극 및 S극이 항상 공존한다.

[답] ③

20. 자계 분포 $H = jxy - kxz$ [A/m]를 발생시키는 점 $(1,1,1)$[m]에서의 전류 밀도 [A/m^2]는?

① 3 ② $\sqrt{3}$ ③ 2 ④ $\sqrt{2}$

해설 20

① $rot H = i$ [A/m^2]

② $i = rot H = \nabla \times H$

$$= \begin{vmatrix} i & j & k \\ \frac{\partial}{\partial x} & \frac{\partial}{\partial y} & \frac{\partial}{\partial z} \\ 0 & xy & -xz \end{vmatrix} = zj + yk$$

③ 점 $(1, 1, 1)$ 대입하면 전류밀도 $i = j + k$ [A/m^2]

크기는 $i = \sqrt{1^2 + 1^2} = \sqrt{2}$ [A/m^2]

[답] ④

21. $\sigma = 1$[℧/m], $\epsilon_s = 6$, $\mu = \mu_0$인 유전체에 교류 전압을 가할 때 변위 전류와 전도 전류의 크기가 같아지는 주파수[Hz]는?

① 3.0×10^9 ② 4.2×10^9 ③ 4.7×10^9 ④ 5.1×10^9

해설 21

$\sigma E = 2\pi f \epsilon_0 \epsilon_s E$,

$f = \dfrac{1}{2\pi \epsilon_0 \times 6} = 18 \times 10^9 \times \dfrac{1}{6} = 3 \times 10^9$ [Hz]

[답] ①

22. 맥스웰(Maxwell)의 전자 방정식 중 성립하지 않는 식은?

① $div\,D = \rho$
② $div\,B = 0$
③ $rot\,E = \dfrac{\partial B}{\partial t}$
④ $rot\,H = i + \dfrac{\partial D}{\partial t}$

해설 22

③번 식은 원래의 식에서 $-$가 빠져있다.
$rot\,E = -\dfrac{\partial B}{\partial t}$

[답] ③

23. 유전체에서 임의의 주파수 f에서의 손실각을 $\tan\delta$라 할 때 전도 전류 i_c와 변위 전류 i_d의 크기가 같아지는 주파수를 f_c라 하면 $\tan\delta$는?

① f_c/f
② $f_c/\sqrt{f}$
③ $\sqrt{f_c}/f$
④ $2f_c f$

해설 23

$kE = 2\pi f_c \epsilon E, \quad k = 2\pi f_c \epsilon$

$\tan\delta = \dfrac{i_c}{i_d} = \dfrac{kE}{\omega \epsilon E} = \dfrac{k}{2\pi f \epsilon} = \dfrac{f_c}{f}$

[답] ①

24. 공기 중에서 1[V/m]의 전계를 1[A/m²]의 변위 전류로 흐르게 하려면 주파수는 몇 [MHz]인가?

① 18000 ② 1800 ③ 180 ④ 18

해설 24

$i_d = 2\pi f \epsilon_o E, \quad 1 = 2\pi f \epsilon_0 \times 1[\text{A/m}^2]$

$\therefore f = \dfrac{1}{2\pi\epsilon_0} = 18 \times 10^9[\text{Hz}] = 18 \times 10^3[\text{MHz}]$

[답] ①

25. 전자파의 진행 방향은?

① 전계 E의 방향과 같다.
② 자계 H의 방향과 같다.
③ E×H의 방향과 같다.
④ H×E의 방향과 같다.

해설 25
전자파의 진행 방향은 전계와 자계의 외적 방향이다. 즉 E×H의 방향과 같다.

[답] ③

26. 수평 편파는?

① 대지에 대해서 전계가 수직면에 있는 전자파
② 대지에 대해서 전계가 수평면에 있는 전자파
③ 대지에 대해서 자계가 수직면에 있는 전자파
④ 대지에 대해서 자계가 수평면에 있는 전자파

해설 26
수평편파는 대지에 대해서 전계가 수평면에 있는 전자파이다.

[답] ②

27. 수직 편파는?

① 대지에 대해서 전계가 수직면에 있는 전자파
② 대지에 대해서 전계가 수평면에 있는 전자파
③ 대지에 대해서 자계가 수직면에 있는 전자파
④ 대지에 대해서 자계가 수평면에 있는 전자파

해설 27
수직편파는 대지에 대해서 전계가 수직면에 있는 전자파이다.

[답] ①

★★★★★
28. 실용적인 유전체의 유전 손실각 tanδ는?
(단, ω는 각주파수[rad/s], k는 도전율[℧/m], ϵ은 유전율[F/m]이다.)

① $\dfrac{k\epsilon}{\omega}$ ② $\dfrac{\omega}{\epsilon k}$ ③ $\dfrac{k}{\omega\epsilon}$ ④ $\dfrac{\omega k}{\epsilon}$

해설 28
유전체 역률은 일반적으로 tanδ로 구한다.
$\tan\delta = \dfrac{kE}{\omega\epsilon E} = \dfrac{k}{\omega\epsilon}$

[답] ③

★★★☆☆
29. 시변 전자파에 대한 설명 중 틀린 것은?
① 전자파는 전계와 자계가 동시에 존재한다.
② TEM파에서는 전파의 진행 방향으로 전계와 자계가 존재한다.
③ 포인팅 벡터의 방향은 전자파의 진행 방향과 같다.
④ 수직편파는 대지에 대해서 전계가 수직면에 있는 전자파이다.

해설 29
전자파는 진행 방향성분은 없고 진행 방향과 수직성분의 전계와 자계가 존재한다.

[답] ②

★★★★★
30. 100[kW]의 전력이 안테나로부터 사방으로 균일하게 방사되어 나아갈 때 안테나로부터 10[km]떨어진 점에서의 전계의 세기를 실효값으로 나타내면 약 몇 [V/m]인가?
① 0.173[V/m]   ② 1.73[V/m]
③ 17.3[V/m]   ④ 173[V/m]

해설 30

① 포인팅 벡터 $P = EH = \dfrac{E^2}{120\pi} = 120\pi H^2 [\text{W}/\text{m}^2]$

② $P = \dfrac{100 \times 10^3}{4\pi(10^4)^2} = \dfrac{E^2}{120\pi}$

$\therefore E = \sqrt{3} \times 10^{-1} = 0.173 [\text{V}/\text{m}]$

[답] ①

*****

31. 10[kW]의 전력으로 송신하는 전파 안테나에서 10[km] 떨어진 점의 전계의 세기는 몇 [V/m]인가?

① 1.73×10^{-3} ② 1.73×10^{-2}
③ 5.5×10^{-3} ④ 5.5×10^{-2}

해설 31

$P = \dfrac{10 \times 10^3}{4\pi(10^4)^2} = \dfrac{E^2}{120\pi}$

$\therefore E = \sqrt{30} \times 10^{-2} \fallingdotseq 5.5 \times 10^{-2} [\text{V}/\text{m}]$

[답] ④

*****

32. 변위 전류 또는 변위 전류밀도에 대한 설명 중 틀린 것은?
① 변위 전류밀도는 전속밀도의 시간적 변화율이다.
② 자유공간에서 변위 전류가 만드는 것은 자계이다.
③ 변위 전류는 주파수와 관계가 있다.
④ 시간적으로 변화하지 않는 계에서도 변위 전류는 흐른다.

해설 32

변위 전류는 전속밀도의 시간적 변화이다.

$i_d = \dfrac{\partial D}{\partial t} [\text{A}/\text{m}^2]$

[답] ④

33. 자속의 연속성을 나타내는 식은?

① $B = \mu H$ ② $\nabla \cdot B = 0$
③ $\nabla \cdot B = \rho$ ④ $\triangle \cdot B = -\mu H$

해설 33
자극은 N극과 S극이 공존하므로 $divB = 0$이다. $divB = 0$, $\nabla \cdot B = 0$

[답] ②

34. Maxwell의 전자기파 방정식이 아닌 것은?

① $\oint_c H \cdot dl = nI$ ③ $\oint_s D \cdot ds = \int_v \rho \cdot dv$
② $\oint_c E \cdot dl = \int_s (-\frac{\partial B}{\partial t}) ds$ ④ $\oint_s B \cdot ds = 0$

해설 34
전류와 자계에 대한 적분형은 다음과 같다.
$$\oint_c H \cdot dl = nI + \int_s \frac{\partial D}{\partial t} ds$$

[답] ①

35. 높은 주파수의 전자파가 전파될 때 일기가 좋은 날보다 비 오는 날 전자파의 감쇄가 심한 원인은?

① 도전율 관계임 ② 유전율 관계임
③ 투자율 관계임 ④ 분극율 관계임

해설 35
일기가 좋은 날보다 비 오는 날은 대기 중의 도전성이 있어 전자파의 감쇄가 있다.

[답] ①

36. 전계와 자계가 서로 직각 방향을 갖는 평면 전자파가 있다. 이때, 공간의 전계 에너지 밀도 W_e와 자계 에너지 밀도 W_m 사이에는 어떤 관계가 있는가? (단, η는 고유 임피던스이다.)

① $W_e = \eta W_m$
② $W_e = \dfrac{2W_m}{\eta^2}$
③ $W_e = \dfrac{W_m}{\eta}$
④ $W_e = W_m$

해설 36
전계 에너지와 자계 에너지는 같다.

[답] ④

37. 전자파는?

① 전계만 존재한다.
② 자계만 존재한다.
③ 전계와 자계가 동시에 존재한다.
④ 전계와 자계가 동시에 존재하되 위상이 90° 다르다.

해설 37
전자파는 전계와 자계가 진행방향에 대하여 수직으로 존재하며 위상은 같다.

[답] ③

38. 포인팅 벡터(Poynting Vector)라 함은?

① $\nabla(E \times H)$
② $E \times H$
③ $E \cdot H$
④ $H \times E$

해설 38
포인팅 벡터는 $P = E \times H [\text{W/m}^2]$이다.

[답] ②

39. 도체 내의 전자파의 속도 v, 감쇠 정수 α, 위상 정수 β, 각주파수 ω일 때 전자파의 전파속도 v는?

① $\dfrac{\beta}{\alpha}$ ② $\dfrac{\omega}{\beta}$ ③ $\dfrac{\alpha}{\omega}$ ④ $\dfrac{\omega}{\alpha}$

해설 39

전자파속도는 세 가지로 구할 수 있다.

$$v = \dfrac{1}{\sqrt{\epsilon\mu}} = \lambda f = \dfrac{\omega}{\beta}\,[\text{m/s}]$$

[답] ②

40. 자계의 벡터 퍼텐셜을 A라 할 때, A와 자계의 변화에 의해 생기는 전계 E 사이에 성립하는 관계식은?

① $E = -\dfrac{\partial A}{\partial t}$ ② $E = \dfrac{\partial A}{\partial t}$ ③ $A = \dfrac{\partial E}{\partial t}$ ④ $A = -\dfrac{\partial E}{\partial t}$

해설 40

$rot\,E = -\dfrac{\partial B}{\partial t}$, $B = rot\,A$, $E = -\dfrac{\partial A}{\partial t}$

[답] ①

41. 와전류를 발생하는 전계 E를 표시하는 식은?

① $div\,E = -\dfrac{\rho}{\epsilon}$ ② $div\,E = \dfrac{\rho}{\epsilon}$

③ $rot\,E = -\dfrac{\partial B}{\partial t}$ ④ $rot\,E = \dfrac{\partial B}{\partial t}$

해설 41

와전류는 맴돌이 전류라고도 한다. 이 전류는 유도전류이다. 전자유도법칙의 미분형 $rot\,E = -\dfrac{\partial B}{\partial t}$이다.

[답] ③

42. 맥스웰은 전극간의 유전체를 통하여 흐르는 전류를 (㉠) 전류라 하고 이것도 (㉡)를 발생한다고 가정하였다. ( ) 안에 알맞은 것은?
① ㉠전도, ㉡자계
② ㉠변위, ㉡자계
③ ㉠전도, ㉡전계
④ ㉠변위, ㉡전계

해설 42
변위 전류는 주위에 자기장을 만든다.
[답] ②

43. 매질이 완전 유전체인 경우의 전자기파의 파동 방정식을 표시하는 것은?

① $\nabla^2 E = \varepsilon\mu \dfrac{\partial E}{\partial t}, \quad \nabla^2 H = k\mu \dfrac{\partial H}{\partial t}$

② $\nabla^2 E = \varepsilon\mu \dfrac{\partial^2 E}{\partial t^2}, \quad \nabla^2 H = \varepsilon\mu \dfrac{\partial^2 H}{\partial t^2}$

③ $\nabla^2 E = \varepsilon\mu \dfrac{\partial^2 E}{\partial t^2}, \quad \nabla^2 H = k\mu \dfrac{\partial^2 H}{\partial t^2}$

④ $\nabla^2 E = \varepsilon\mu \dfrac{\partial E}{\partial t}, \quad \nabla^2 H = \varepsilon\mu \dfrac{\partial H}{\partial t}$

해설 43
전파 방정식과 자파 방정식은 다음과 같다.
$\nabla^2 E = \varepsilon\mu \dfrac{\partial^2 E}{\partial t^2}, \quad \nabla^2 H = \varepsilon\mu \dfrac{\partial^2 H}{\partial t^2}$

[답] ②

44. 다음 그림은 콘덴서 내의 변위 전류에 대한 설명이다. 이 콘덴서의 전극면적을 $S[\text{m}^2]$, 전극에 저축된 전하를 $q[\text{C}]$, 전극의 표면 전하밀도를 $\sigma[\text{C/m}^2]$, 전극 사이의 전속밀도를 $D[\text{C/m}^2]$라 하면 변위 전류밀도 $i_d[\text{A/m}^2]$의 값은?

① $i_d = \dfrac{\partial D}{\partial t}[\text{A/m}^2]$

② $i_d = \dfrac{\partial \sigma}{\partial t}[\text{A/m}^2]$

③ $i_d = S\dfrac{\partial D}{\partial t}[\text{A/m}^2]$

④ $i_d = \dfrac{1}{S}\dfrac{\partial D}{\partial t}[\text{A/m}^2]$

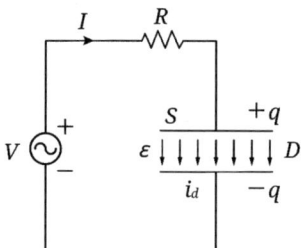

해설 44

변위 전류는 전속밀도의 시간적 변화이다.

$i_d = \dfrac{\partial D}{\partial t}[\text{A/m}^2]$

[답] ①

45. 맥스웰의 전자방정식에 대한 의미를 설명한 것으로 잘못된 것은?

① 자계의 회전은 전류밀도와 같다.
② 전계의 회전은 자속밀도의 시간적 감소율과 같다.
③ 단위체적당 발산 전속수는 단위체적당 공간 전하밀도와 같다.
④ 자계는 발산하며, 자극은 단독으로 존재한다.

해설 45

자석은 N극과 S극이 함께 있으므로 자계의 발산이 없으며, 자극은 단독으로 존재할 수 없다.

[답] ④

편저자	강장규
	숭실대학교 대학원 제어계측 및 시스템 공학박사
	現 배울학 전기 교수
	現 숭실대학교 겸임교수
	現 가천대학교 겸임교수
	現 대한전기학원 원장
	前 한국전기학원 대표강사
	前 철도경영 연수원 기술연수부 강사
	前 서울시 기술심사담당관실 전기관련교육 강사
	前 서울시립대학교 서울시 건설관련교육 강사
	前 삼성디스플레이 교육강사

전기기사 / 소방설비기사 / 산업안전기사

- 배울학 ⑥ 전기응용 및 공사재료
- 2022 배울학 전기기사 766 필기 7개년 기출문제집
- 2022 배울학 전기공사기사 766 필기 7개년 기출문제집
- 배울학 전기산업기사 1033 필기 10개년 기출문제집
- 배울학 전기공사산업기사 1033 필기 10개년 기출문제집

배울학 전기자기학

발행일	2022. 03. 01 1쇄 발행
발행처	배울학
주소	서울특별시 동대문구 왕산로 43 디그빌딩 2층
이메일	help@baeulhak.com

ISBN	979-11-89762-43-8
정가	15,000원

- 교재에 관한 문의나 의견, 시험 관련 정보는 배울학 홈페이지 http://electric.baeulhak.com을 이용해주시기 바랍니다.
- 이 책의 모든 부분은 배울학 발행인의 승인문서 없이 복사, 재생 등 무단복제를 금합니다.

※ 이 도서의 파본은 교환해드립니다.